Lav Kumar
Sundeep Goud Katta

Tecnologias de pesquisa e IA: Transformar a recuperação de informação

Lav Kumar
Sundeep Goud Katta

Tecnologias de pesquisa e IA: Transformar a recuperação de informação

ScienciaScripts

Cover image: www.ingimage.com

This book is a translation from the original published under ISBN 978-620-7-84491-3.

Publisher:
Sciencia Scripts
is a trademark of
Dodo Books Indian Ocean Ltd. and OmniScriptum S.R.L publishing group

120 High Road, East Finchley, London, N2 9ED, United Kingdom
Str. Armeneasca 28/1, office 1, Chisinau MD-2012, Republic of Moldova, Europe
Printed at: see last page
ISBN: 978-620-8-34475-7

Sobre os autores

Lav Kumar

Lav Kumar, um programador full-stack experiente com 12 anos de experiência em soluções de software em diversas plataformas. A sua experiência é uma mistura harmoniosa de tecnologia e criatividade, que se manifesta na sua paixão por IA, sistemas distribuídos, engenharia de dados e tecnologias de pesquisa. Lav deixou uma marca indelével na Salesforce, melhorando as experiências dos utilizadores e arquitetando soluções inovadoras.

Atualmente, Lav é um membro valioso da equipa da Salesforce na divisão Experience Cloud. Aqui, ele está na vanguarda dos desenvolvimentos de ponta, liderando a integração dos últimos avanços em Pesquisa na Experience Cloud usando IA.

Sundeep Goud Katta

Sundeep, um engenheiro de software poliglota da Salesforce com mais de 11 anos de experiência diversificada. O seu percurso abrange funções de liderança e contribuições para projectos em vários sectores - desde o desenvolvimento de software de geometria 2D e 3D para a construção naval até à otimização da renderização do navegador Web e à melhoria das funcionalidades do software Autodesk Revit BIM. A sua paixão pela IA levou-o a explorar e a compreender profundamente os seus conceitos intrincados e as aplicações de aprendizagem automática.

Atualmente, Sundeep está concentrado na integração de capacidades de IA no software Salesforce CRM, trabalhando especificamente na melhoria da experiência do utilizador através de caraterísticas orientadas para a IA, como as funcionalidades de copiloto.

ÍNDICE

Capítulo 1: Introdução

Visão geral das tecnologias de pesquisa

Numa época em que a informação é abundante e facilmente acessível, a capacidade de encontrar informação relevante de forma rápida e precisa tornou-se mais crucial do que nunca. As tecnologias de pesquisa constituem a espinha dorsal do nosso panorama de informação digital, permitindo aos utilizadores navegar em grandes quantidades de dados para encontrar exatamente o que precisam. Desde motores de pesquisa na Web, como o Google, a sistemas de pesquisa empresariais que ajudam as organizações a gerir os seus dados internos, as tecnologias de pesquisa são omnipresentes e fazem parte integrante do nosso quotidiano.

A principal função das tecnologias de pesquisa é fazer a ponte entre os utilizadores e as informações que procuram. Isto envolve vários processos, como o rastreio e a indexação de páginas Web, a compreensão das consultas dos utilizadores, a classificação dos resultados com base na relevância e a apresentação da informação num formato facilmente digerível. Ao longo dos anos, estes processos evoluíram significativamente, impulsionados pelos avanços tanto na quantidade de dados disponíveis como na complexidade das consultas dos utilizadores.

As tecnologias de pesquisa não se limitam a pesquisas baseadas em texto. Estendem-se a pesquisas multimédia, incluindo imagens, vídeos e áudio, que acrescentam camadas de complexidade devido à natureza não estruturada dos dados. Os motores de pesquisa modernos também incorporam funcionalidades como a pesquisa por voz, a pesquisa em tempo real e a personalização, tornando a experiência de pesquisa mais interactiva e intuitiva.

Por exemplo, considere a forma como o Google Photos permite que os utilizadores pesquisem imagens com base em descrições como "praia" ou "festa de aniversário", tirando partido da IA para reconhecer objectos e cenas dentro das imagens. Da mesma forma, o Spotify utiliza tecnologias de pesquisa para ajudar os utilizadores a encontrar músicas, artistas e listas de reprodução, sugerindo frequentemente conteúdos com base nos hábitos e preferências de audição.

O papel da IA na melhoria das capacidades de pesquisa

A Inteligência Artificial (IA) revolucionou as tecnologias de pesquisa ao introduzir novas metodologias e ferramentas que melhoram a precisão, a eficiência e a experiência do utilizador dos sistemas de pesquisa. Os motores de pesquisa orientados para a IA utilizam a aprendizagem automática, o processamento de linguagem natural (PNL) e a aprendizagem profunda para compreender o contexto e a semântica das consultas dos utilizadores, indo além da simples correspondência de palavras-chave.

A IA melhora as capacidades de pesquisa de várias formas importantes:

Relevância e classificação melhoradas: Os algoritmos de aprendizagem automática analisam grandes quantidades de dados para compreender o comportamento e as preferências dos utilizadores, permitindo que os motores de pesquisa apresentem resultados mais relevantes. Técnicas como a aprendizagem para classificar utilizam dados de interação do utilizador para otimizar a ordem pela qual os resultados de pesquisa são apresentados.

Por exemplo, as plataformas de comércio eletrónico como a Amazon utilizam a IA para classificar os produtos com base em factores como as opiniões dos utilizadores, os dados de vendas e o histórico de navegação, garantindo que os utilizadores vêem primeiro os artigos mais relevantes.

Compreensão da linguagem natural: A PNL permite que os motores de busca compreendam as nuances da linguagem humana, incluindo sinónimos, calão e contexto. Isto permite uma interpretação mais precisa das consultas dos utilizadores, especialmente para pesquisas complexas ou de conversação.

Os chatbots e os assistentes virtuais, como o Google Assistant e o Amazon Alexa, dependem fortemente da PNL para compreender e responder aos comandos de voz, tornando as interações mais naturais e fáceis de utilizar.

Personalização: A IA permite que os motores de busca adaptem os resultados com base em perfis de utilizadores individuais e comportamentos anteriores. Esta abordagem personalizada melhora a satisfação do utilizador ao apresentar resultados que têm maior probabilidade de satisfazer as necessidades específicas do utilizador.

A Netflix, por exemplo, utiliza a IA para analisar os hábitos de visualização e recomendar filmes e programas de televisão, criando uma experiência de utilizador altamente personalizada.

Processamento em tempo real: Os sistemas de pesquisa alimentados por IA podem lidar com o processamento de dados em tempo real, garantindo que os utilizadores têm acesso às informações mais actuais. Isto é particularmente importante para aplicações como agregadores de notícias e plataformas de redes sociais.

A funcionalidade de pesquisa do Twitter permite aos utilizadores encontrar os tweets mais recentes e os trending topics quase instantaneamente, graças à indexação e ao processamento em tempo real.

Pesquisa visual e por voz: Com o advento dos assistentes inteligentes e das tecnologias avançadas de reconhecimento de imagem, a IA permitiu o desenvolvimento de capacidades de pesquisa visual e por voz, permitindo aos utilizadores pesquisar através de comandos falados ou de imagens.

O Google Lens exemplifica a pesquisa visual, permitindo aos utilizadores tirar uma fotografia de um objeto e procurar informações relacionadas online, desde identificar pontos de referência até encontrar produtos semelhantes à venda.

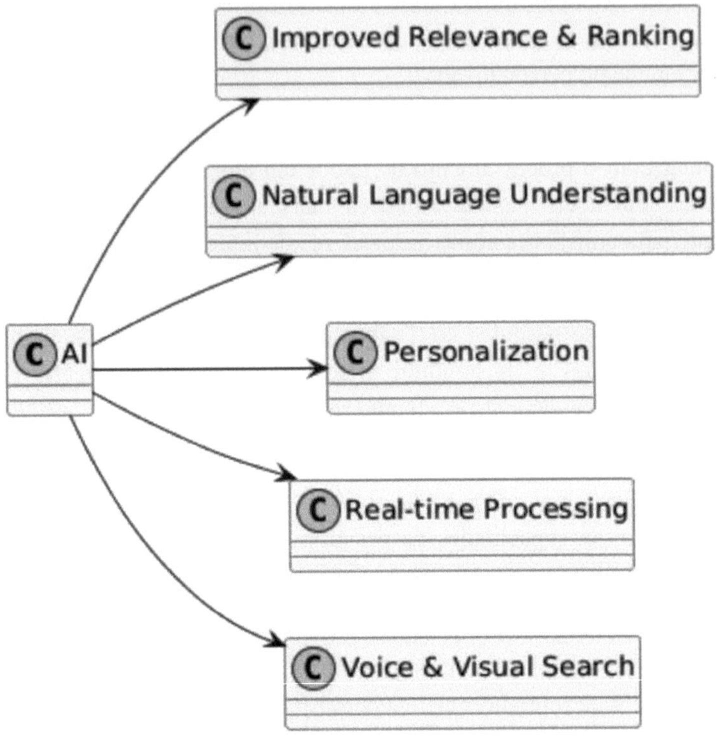

Evolução histórica das tecnologias de pesquisa

O percurso das tecnologias de pesquisa desde o seu início até aos dias de hoje é uma história fascinante de inovação e progresso. Vamos analisar mais de perto os principais marcos desta evolução:

Os primeiros motores de pesquisa

Os primeiros motores de pesquisa surgiram no início da década de 1990 com o advento da World Wide Web. Um dos primeiros motores de pesquisa foi o Archie, desenvolvido em 1990, que indexava arquivos FTP para ajudar os utilizadores a encontrar ficheiros específicos. Seguiram-se outros motores de pesquisa antigos, como o Veronica e o Jughead, que se concentravam na indexação de diretórios Gopher.

Em 1993, foi criado o primeiro motor de pesquisa da Web, o World Wide Web Wanderer, para acompanhar o crescimento da Web. Seguiram-se-lhe rapidamente outros motores de pesquisa notáveis, como o Lycos, o WebCrawler e o AltaVista. Estes primeiros motores de pesquisa utilizavam principalmente a indexação por palavras-chave e algoritmos de classificação simples.

A ascensão do Google

O avanço mais significativo na tecnologia de pesquisa ocorreu com o lançamento do Google em 1998. Os fundadores do Google, Larry Page e Sergey Brin, introduziram o algoritmo PageRank, que revolucionou a forma como os resultados de pesquisa eram classificados. O PageRank avaliava a importância das páginas Web com base no número e na qualidade das hiperligações que para elas apontavam, fornecendo resultados de pesquisa mais relevantes.

A interface minimalista, o desempenho rápido e os resultados de pesquisa altamente relevantes do Google tornaram-no rapidamente no motor de pesquisa dominante. Ao longo dos anos, a Google continuou a inovar, introduzindo funcionalidades como a pesquisa personalizada, a pesquisa universal (integrando notícias, imagens, vídeos e outros tipos de conteúdo) e a pesquisa por voz.

O impacto das inovações da Google é evidente na forma como estabeleceu os padrões da indústria e influenciou outros motores de pesquisa. A capacidade do Google para processar milhares de milhões de pesquisas por dia com uma velocidade e precisão notáveis sublinha a eficácia da sua tecnologia.

O advento da IA e os motores de pesquisa modernos

O século XXI registou rápidos avanços na IA, que tiveram um impacto significativo nas tecnologias de pesquisa. Motores de pesquisa modernos como o Bing, o Baidu e o Yandex, juntamente com o Google, integraram a IA para melhorar as suas capacidades de pesquisa.

As funcionalidades impulsionadas pela IA, como a pesquisa semântica, as consultas sensíveis ao contexto e a classificação baseada na aprendizagem automática, transformaram a forma como os motores de busca compreendem e respondem às consultas dos utilizadores. Além disso, o aumento dos dispositivos móveis e da Internet das Coisas (IoT) levou ao desenvolvimento da pesquisa por voz e da pesquisa visual, tornando a experiência de pesquisa mais simples e intuitiva.

Por exemplo, o Bing incorporou a IA para fornecer funcionalidades de pesquisa inteligentes, tais como resumir as respostas às perguntas diretamente na página de resultados da pesquisa e oferecer perspectivas de múltiplas perspectivas. Do mesmo modo, o Baidu utilizou a IA para melhorar as suas capacidades de pesquisa por voz, tornando-se líder em tecnologias de pesquisa activadas por voz na China.

A importância das tecnologias de pesquisa no mundo atual

As tecnologias de pesquisa desempenham um papel fundamental em vários aspectos da vida moderna, incluindo:

1. **Acesso à informação**: Permitem aos utilizadores encontrar rapidamente informações sobre qualquer tema, apoiando a educação, a investigação e os processos de tomada de decisões. Por exemplo, os motores de pesquisa académicos como o Google Scholar ajudam os investigadores a encontrar artigos académicos, citações e trabalhos relacionados, acelerando significativamente o processo de investigação.

2. **Comércio eletrónico**: As capacidades de pesquisa eficazes são essenciais para os retalhistas online, ajudando os clientes a encontrar produtos e a impulsionar as vendas. As funcionalidades de pesquisa avançada, como filtros, recomendações e resultados personalizados, melhoram a experiência de compra.

   Plataformas de comércio eletrónico como a Etsy e a eBay utilizam tecnologias de pesquisa avançadas para ligar compradores a produtos e vendedores únicos, aumentando o envolvimento dos utilizadores e as vendas.

3. **Pesquisa empresarial**: As organizações dependem das tecnologias de pesquisa para gerir e recuperar documentos internos, e-mails e outros dados, melhorando a produtividade e a colaboração.

   Ferramentas como o Microsoft SharePoint e o Elasticsearch permitem às empresas indexar e pesquisar eficazmente grandes quantidades de dados internos, facilitando a tomada de decisões e a eficiência operacional.

4. **Media e entretenimento**: Os motores de busca ajudam os utilizadores a descobrir novos conteúdos, como filmes, música e artigos, com base nos seus interesses e preferências.

Serviços de streaming como o Spotify e o YouTube utilizam algoritmos de pesquisa sofisticados para recomendar conteúdos, aumentando a satisfação e o envolvimento dos utilizadores.

5. **Cuidados de saúde**: As tecnologias de pesquisa ajudam os profissionais de saúde a encontrar informações médicas, documentos de investigação e diretrizes de tratamento, melhorando, em última análise, os cuidados prestados aos doentes.

   Bases de dados médicas como a PubMed e plataformas de pesquisa em sistemas de registos de saúde electrónicos (EHR) permitem aos médicos e investigadores aceder rapidamente a literatura médica relevante e a dados de doentes.

6. **Redes sociais**: Plataformas como o Facebook, o Twitter e o LinkedIn utilizam algoritmos de pesquisa avançados para ajudar os utilizadores a encontrar pessoas, publicações e outros conteúdos relevantes para os seus interesses.

   Por exemplo, a funcionalidade de pesquisa do LinkedIn ajuda os profissionais a ligarem-se a colegas, a encontrarem oportunidades de emprego e a descobrirem tendências do sector, apoiando o crescimento da carreira e o trabalho em rede.

O futuro das tecnologias de pesquisa

O futuro das tecnologias de pesquisa está pronto para desenvolvimentos empolgantes, impulsionados pelos avanços contínuos em IA, aprendizagem automática e análise de dados. Algumas das tendências e inovações emergentes incluem:

1. **Pesquisa por voz e IA de conversação**: à medida que os assistentes activados por voz, como a Siri, a Alexa e o Assistente Google, se tornam mais prevalecentes, prevê-se que a pesquisa por voz cresça significativamente. A IA de conversação permitirá experiências de pesquisa mais naturais e interactivas.

   As empresas estão a investir em tecnologias que permitem aos utilizadores ter conversas multi-direcionais com os motores de busca, tornando as interações mais humanas e intuitivas.

2. **Realidade Aumentada (RA) e Pesquisa Visual**: As aplicações de RA e as tecnologias de pesquisa visual permitirão aos utilizadores procurar informações sobre objectos e ambientes à sua volta utilizando o seu smartphone

   câmaras ou óculos de realidade aumentada.

   Inovações como o Google Lens e o ARKit da Apple estão a abrir caminho para experiências de pesquisa imersivas que integram a informação digital com o mundo físico.

3. **Computação quântica**: O advento da computação quântica poderá revolucionar as tecnologias de pesquisa ao resolver problemas complexos muito mais rapidamente do que os computadores clássicos, conduzindo a resultados de pesquisa mais eficientes e exactos.

   Os investigadores estão a explorar a forma como os algoritmos quânticos podem ser aplicados a problemas de pesquisa, transformando potencialmente as capacidades de recuperação e processamento de dados.

4. **IA ética e justa**: à medida que a IA continua a moldar as tecnologias de pesquisa, haverá um foco crescente na garantia de justiça, transparência e privacidade. O desenvolvimento de algoritmos que atenuem a parcialidade e protejam os dados dos utilizadores será fundamental.

   Iniciativas como os Princípios de IA da Google e os regulamentos da União Europeia em matéria de IA sublinham a importância das considerações éticas no desenvolvimento e na implantação de tecnologias de pesquisa baseadas em IA.

Conclusão

As tecnologias de pesquisa percorreram um longo caminho desde a sua criação, evoluindo de simples sistemas baseados em palavras-chave para sofisticados motores orientados por IA capazes de compreender e prever a intenção do utilizador. À medida que continuamos a gerar e a consumir informações a um ritmo sem precedentes, a importância de tecnologias de pesquisa eficientes e exactas não pode ser sobrestimada.

Neste livro, iremos aprofundar os vários aspectos das tecnologias de pesquisa, explorando os princípios fundamentais, o papel da IA e as tendências futuras que irão moldar o sector. Através de explicações detalhadas, exemplos práticos e estudos de caso, pretendemos fornecer uma compreensão abrangente do funcionamento das tecnologias de pesquisa e da forma como podem ser aproveitadas para melhorar a recuperação e a descoberta de informações.

Começaremos com os conceitos básicos das tecnologias de pesquisa, explorando o seu funcionamento e os princípios subjacentes. A partir daí, aprofundaremos o papel da IA na transformação da pesquisa, examinando as técnicas e os modelos que permitiram estes avanços. Analisaremos também as aplicações específicas das tecnologias de pesquisa em diferentes domínios e consideraremos as implicações éticas destas tecnologias.

No final deste livro, terá um conhecimento profundo do estado atual das tecnologias de pesquisa, das inovações que fazem avançar a indústria e dos potenciais desenvolvimentos futuros que poderão transformar ainda mais a forma como encontramos e utilizamos a informação. Quer seja um tecnólogo, um líder empresarial ou simplesmente alguém interessado no poder da pesquisa, este livro fornecerá informações valiosas sobre uma das tecnologias mais importantes do nosso tempo.

Capítulo 2: Fundamentos das tecnologias de pesquisa

2.1 Princípios básicos da recuperação de informação

A recuperação de informação (RI) é a ciência da pesquisa de informação em documentos, da pesquisa dos próprios documentos e da pesquisa de metadados que descrevem os documentos. Os princípios fundamentais da RI centram-se na recuperação eficaz e eficiente de informações relevantes para a consulta de um utilizador. Estes princípios incluem:

Relevância

A relevância refere-se ao grau em que um documento satisfaz as necessidades de informação do utilizador. É um conceito fundamental em RI, uma vez que o principal objetivo é recuperar documentos que sejam mais relevantes para a consulta do utilizador. A relevância é frequentemente subjectiva e pode variar de utilizador para utilizador com base nas suas necessidades e contexto específicos.

Por exemplo, quando um utilizador pesquisa por "maçã", o motor de busca tem de decidir se o utilizador está à procura de informações sobre o fruto, a empresa de tecnologia ou outra coisa qualquer. Os motores de pesquisa avançados utilizam pistas contextuais das pesquisas anteriores do utilizador ou do texto circundante para determinar os resultados mais relevantes.

Precisão e recuperação

- **Precisão**: É a fração de documentos recuperados que são relevantes para a consulta. Mede a exatidão do processo de recuperação.

  Precisão = Número de documentos relevantes / Número total de documentos recuperados

- **Recuperação**: É a fração de documentos relevantes que são recuperados pela consulta. Mede a exaustividade do processo de recuperação.

  Precisão = Número de documentos relevantes recuperados / Número total de documentos relevantes

O equilíbrio entre a precisão e a recuperação é crucial para uma RI eficaz, uma vez que uma precisão elevada pode resultar numa recuperação reduzida e vice-versa. Por exemplo, um motor de pesquisa que recupera apenas alguns documentos altamente relevantes tem uma precisão elevada, mas pode não encontrar outros documentos relevantes, o que resulta numa baixa recuperação.

Pontuação F

A pontuação F (ou pontuação F1) é uma medida que combina a precisão e a recuperação numa única métrica, calculando a sua média harmónica. Proporciona um equilíbrio entre as duas métricas, dando uma avaliação mais abrangente do desempenho da recuperação.

F - Pontuação = 2 X ((Precisão X Recordação) / (Precisão + Recordação)

Por exemplo, na avaliação de um motor de busca, uma pontuação F de 0,8 indica um bom equilíbrio entre a precisão e a recuperação, sugerindo que o motor está a recuperar um número substancial de documentos relevantes sem demasiados documentos irrelevantes.

2.2 Algoritmos de pesquisa e indexação

Algoritmos de pesquisa

Os algoritmos de pesquisa são os métodos utilizados para localizar informações relevantes num conjunto de dados. Alguns dos principais algoritmos de pesquisa incluem:

1. **Pesquisa booleana**: Este é um dos algoritmos de pesquisa mais simples e mais antigos, que utiliza operadores lógicos como AND, OR e NOT para combinar termos de pesquisa e refinar os resultados. Por exemplo, uma consulta "IA E cuidados de saúde" irá obter documentos que contêm tanto "IA" como "cuidados de saúde".

   A pesquisa booleana é altamente eficaz em cenários em que é necessário um controlo preciso dos resultados da pesquisa. Por exemplo, uma base de dados jurídica pode utilizar operadores booleanos para filtrar documentos de jurisprudência.

2. **Modelo de espaço vetorial (VSM)**: Neste modelo, os documentos e as consultas são representados como vectores num espaço multidimensional. A relevância de um documento para uma consulta é determinada pela semelhança de cosseno entre os seus vectores. Quanto mais próximos os vectores, mais relevante é o documento.

O VSM é particularmente útil em sistemas de recuperação de texto, onde o contexto dos termos é importante. Por exemplo, numa base de dados de investigação, o VSM pode ajudar a recuperar artigos académicos que correspondam ao tópico da consulta.

3. **Modelos probabilísticos**: Estes modelos, como o algoritmo BM25, estimam a probabilidade de um documento ser relevante para uma determinada consulta. Têm em conta vários factores, como a frequência dos termos, o comprimento do documento e a frequência inversa do documento.

   Os modelos probabilísticos são amplamente utilizados nos motores de pesquisa modernos devido à sua capacidade de lidar com grandes conjuntos de dados e fornecer resultados altamente relevantes. São frequentemente a espinha dorsal de motores de pesquisa comerciais como o Google e o Bing.

4. **Análise Semântica Latente (LSA)**: A LSA utiliza a decomposição do valor singular para reduzir a dimensionalidade da matriz termo-documento, capturando a estrutura semântica subjacente dos dados. Ajuda a identificar sinónimos e termos relacionados, melhorando a precisão da pesquisa. Por exemplo, a LSA pode ajudar um motor de pesquisa a compreender que "carro" e "automóvel" se referem ao mesmo conceito, aumentando assim a relevância dos resultados da pesquisa.

5. **Modelos baseados na aprendizagem automática**: Estes modelos utilizam técnicas de aprendizagem automática para aprender com as interações e o feedback dos utilizadores, melhorando continuamente os resultados da pesquisa ao longo do tempo. Técnicas como a aprendizagem da classificação optimizam a classificação dos resultados da pesquisa com base nas preferências do utilizador. Os modelos baseados na aprendizagem automática são particularmente eficazes em ambientes dinâmicos em que as preferências e os dados dos utilizadores mudam frequentemente. Por exemplo, os sistemas de recomendação em plataformas de comércio eletrónico utilizam estes modelos para sugerir produtos com base no histórico de navegação e nos padrões de compra.

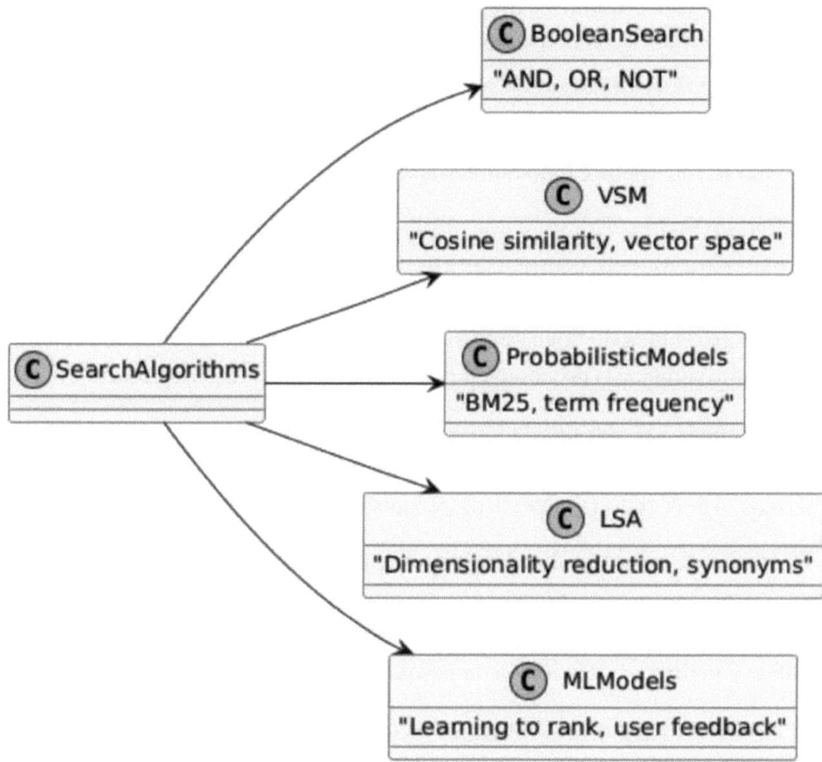

Indexação

A indexação é o processo de criação de uma estrutura de dados que permite a recuperação rápida e eficiente de informações. Envolve várias etapas:

1. **Tokenização**: Este é o processo de decompor o texto em termos individuais ou tokens. Por exemplo, a frase "A IA está a transformar os cuidados de saúde" seria dividida em ["IA", "está", "a transformar", "cuidados de saúde"].

   A tokenização é o primeiro passo na criação de um índice e é crucial para analisar eficazmente as consultas dos utilizadores.

2. **Estratificação e lematização**: A stemização reduz as palavras à sua forma básica ou raiz, enquanto a lematização reduz as palavras à sua forma canónica. Por exemplo, "running", "runner" e "ran" seriam todas reduzidas a "run".

   Estas técnicas garantem que as variações de uma palavra são tratadas como o mesmo termo, melhorando a precisão e a relevância da pesquisa.

3. **Índice invertido**: Um índice invertido é uma estrutura de dados que mapeia termos para as suas ocorrências em documentos. É o método de indexação mais comum utilizado nos motores de busca. O índice invertido permite pesquisas rápidas de documentos que contêm termos específicos, acelerando significativamente o processo de pesquisa.

   Por exemplo, se um utilizador pesquisar por "aprendizagem automática", o índice invertido identifica rapidamente todos os documentos que contêm esses termos, fornecendo resultados de pesquisa rápidos e precisos.

4. **Remoção de palavras de paragem**: As palavras comuns que não acrescentam um significado significativo à pesquisa, como "e", "o" e "em", são frequentemente removidas durante a indexação para reduzir o tamanho do índice e melhorar a eficiência da pesquisa.

   A remoção de palavras de paragem ajuda a concentrar a pesquisa em termos mais significativos, aumentando a relevância dos resultados.

5. **N-gramas**: Os N-gramas são sequências contíguas de n itens de um determinado texto. São utilizados para captar o contexto e as relações entre termos. Por exemplo, na frase "A IA está a transformar os cuidados de saúde", os bigramas (n=2) seriam ["A IA está", "está a transformar", "a transformar os cuidados de saúde"].

   Os N-gramas são particularmente úteis em pesquisas baseadas em frases e na compreensão do contexto em que os termos aparecem.

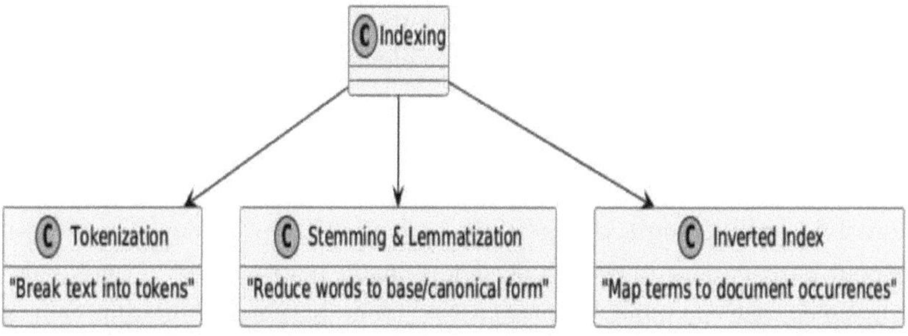

2.3 Mecanismos de relevância e classificação

Os mecanismos de relevância e classificação são utilizados para dar prioridade aos resultados da pesquisa com base na sua relevância para a consulta do utilizador. Algumas das principais técnicas incluem:

Frequência de termos - Frequência inversa de documentos (TF-IDF)

O TF-IDF é uma medida estatística utilizada para avaliar a importância de um termo num documento relativamente a uma coleção de documentos. É calculada da seguinte forma:

$TF\text{ - }IDF = TF \; X \; IDF$

- **Frequência de termos (TF)**: O número de vezes que um termo aparece num documento. Uma frequência de termo mais elevada indica uma maior importância.
- **Frequência inversa de documentos (IDF)**: Mede a raridade de um termo em todos os documentos. É calculada como:

  $IDF = log\ (Total\ de\ documentos$

  $/\ Número\ de\ documentos\ que\ contêm\ o\ termo)$

O TF-IDF ajuda a identificar termos que são importantes num documento específico e raros em todo o conjunto de dados, melhorando a relevância dos resultados da pesquisa.

Por exemplo, numa coleção de artigos noticiosos, o termo "eleição" pode ter uma pontuação TF-IDF elevada durante a época eleitoral, destacando a sua relevância nessa altura.

PageRank

Desenvolvido pelo Google, o PageRank é um algoritmo que classifica as páginas Web com base na sua importância, determinada pelo número e qualidade das hiperligações que apontam para elas. A ideia básica é que uma página é considerada importante se tiver ligações para outras páginas importantes. O PageRank é calculado iterativamente e tem sido um fator-chave no sucesso da pesquisa do Google.

O PageRank considera tanto a quantidade como a qualidade das hiperligações. Uma hiperligação de um site com grande autoridade (por exemplo, um grande meio de comunicação) tem mais peso do que uma hiperligação de um site menos conhecido.

Aprender a classificar

Aprender a classificar é uma abordagem de aprendizagem automática para classificar resultados de pesquisa. Utiliza dados de treino etiquetados para aprender um modelo que pode prever a relevância dos documentos para uma consulta. Existem três tipos principais de métodos de Aprendizagem para Classificação:

1. **Pontual**: Trata a classificação como um problema de regressão ou classificação em documentos individuais.
2. **Em pares**: Optimiza a ordenação de pares de documentos, assegurando que os documentos mais relevantes são classificados mais alto do que os menos relevantes.
3. **Listwise**: Optimiza diretamente a classificação de uma lista de documentos, considerando toda a lista como a unidade de otimização.

Os algoritmos de aprendizagem para classificação podem incorporar várias caraterísticas, como a frequência de termos, o comprimento do documento, o comportamento do utilizador e as taxas de cliques para melhorar a classificação dos resultados de pesquisa.

Por exemplo, as plataformas de comércio eletrónico podem utilizar o Learning to Rank para dar prioridade aos produtos com maior probabilidade de serem comprados com base nos dados de comportamento dos utilizadores.

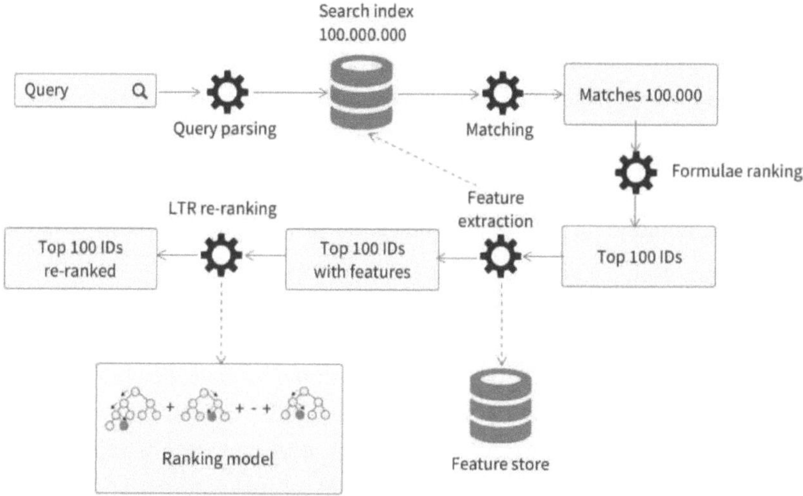

Fonte da imagem: https://www.griddynamics.com/

Pesquisa semântica

A pesquisa semântica tem como objetivo melhorar a precisão da pesquisa através da compreensão do significado e do contexto dos termos de uma consulta. Vai além da simples correspondência de palavras-chave para interpretar a intenção por detrás da consulta. As técnicas utilizadas na pesquisa semântica incluem:

1. **Reconhecimento de entidades**: Identificar e categorizar entidades como pessoas, lugares e organizações no texto.

2. **Deteção de sinónimos**: Reconhecimento de termos diferentes que têm o mesmo significado ou significados semelhantes, permitindo que o motor de busca devolva resultados relevantes mesmo que os termos exactos da consulta não estejam presentes.

3. **Análise contextual**: Analisar o contexto em que os termos aparecem para desambiguar os significados e melhorar a relevância. Por exemplo, compreender que "Apple" se refere à empresa de tecnologia e não à fruta com base nos termos circundantes.

4. **Gráficos de conhecimento**: Utilização de dados estruturados para representar relações entre entidades e conceitos, permitindo que o motor de busca forneça resultados mais ricos e mais exactos.

O Knowledge Graph da Google, por exemplo, melhora os resultados da pesquisa apresentando caixas de informação sobre pessoas, locais e coisas diretamente na página de resultados da pesquisa, oferecendo aos utilizadores uma visão mais abrangente.

Análise do comportamento do utilizador

A análise do comportamento dos utilizadores, como as taxas de cliques, o tempo de permanência e os padrões de pesquisa, ajuda os motores de busca a compreender as preferências dos utilizadores e a melhorar a relevância. Os modelos de aprendizagem automática podem ser treinados com base nestes dados para prever quais os resultados mais relevantes para futuras consultas.

Por exemplo, se os utilizadores clicarem frequentemente no segundo resultado de uma consulta específica e passarem um tempo considerável nessa página, o motor de busca pode ajustar os seus algoritmos para classificar esse resultado mais alto em pesquisas futuras.

Conclusão

Compreender os fundamentos das tecnologias de pesquisa é essencial para desenvolver sistemas de pesquisa eficazes e eficientes. Os princípios básicos da recuperação de informações, incluindo relevância, precisão e recuperação, fornecem uma base para avaliar o desempenho da pesquisa. Os algoritmos de pesquisa e os métodos de indexação, como a pesquisa booleana, o VSM e a indexação invertida, permitem uma recuperação rápida e exacta da informação. Os mecanismos de relevância e classificação, incluindo TF-IDF, PageRank e Learning to Rank, garantem que os utilizadores recebem os resultados mais relevantes para as suas consultas.

À medida que nos aprofundarmos nos capítulos seguintes, exploraremos a forma como as técnicas e arquitecturas avançadas de IA melhoram ainda mais estes princípios fundamentais, conduzindo a tecnologias de pesquisa mais sofisticadas e poderosas. Examinaremos o papel do processamento de linguagem natural, da aprendizagem automática e de outras metodologias orientadas para a IA na transformação das capacidades de pesquisa, tornando-as mais intuitivas, precisas e fáceis de utilizar. Através de exemplos práticos, estudos de caso e projectos práticos, obterá uma compreensão abrangente dos meandros das modernas tecnologias de pesquisa e das suas aplicações em vários domínios.

Capítulo 3: Processamento de linguagem natural (PNL) na pesquisa

3.1 Introdução à PNL

O Processamento de Linguagem Natural (PNL) é um domínio da inteligência artificial (IA) que se centra na interação entre computadores e seres humanos através da linguagem natural. O objetivo da PNL é permitir que os computadores compreendam, interpretem e gerem linguagem humana de uma forma que seja simultaneamente significativa e útil. No contexto das tecnologias de pesquisa, a PNL desempenha um papel crucial na melhoria da precisão e da relevância dos resultados de pesquisa, permitindo que os motores de pesquisa compreendam a semântica e o contexto das consultas dos utilizadores.

A PNL engloba uma vasta gama de técnicas e metodologias, incluindo tokenização, stemming, lematização, reconhecimento de entidades nomeadas, marcação de parte do discurso e pesquisa semântica. Estas técnicas ajudam a transformar o texto em bruto num formato estruturado que pode ser mais facilmente processado e analisado por algoritmos de pesquisa.

3.2 Tokenização, stemização e lematização

Tokenização

A tokenização é o processo de decompor o texto em termos individuais ou tokens. Estes tokens são as unidades básicas do texto que são utilizadas para processamento posterior em tarefas de PNL. Por exemplo, a frase "A IA está a transformar os cuidados de saúde" pode ser tokenizada em ["AI", "is", "transforming", "healthcare"].

A tokenização é um passo fundamental na PNL, uma vez que ajuda a converter texto não estruturado num formato estruturado. Existem vários tipos de tokenização, incluindo:

- **Tokenização de palavras**: Dividir o texto em palavras individuais.
- **Tokenização de frases**: Dividir o texto em frases individuais.
- **Tokenização de caracteres**: Dividir o texto em caracteres individuais.

A tokenização pode ser mais complexa para línguas sem limites claros de palavras, como o chinês e o japonês. Nesses casos, são utilizadas técnicas avançadas, como a análise morfológica, para segmentar o texto.

Caule

Stemming é o processo de redução das palavras à sua forma básica ou raiz. Esta técnica ajuda a normalizar o texto, removendo as formas flexionais e as formas derivadas de uma palavra. Por exemplo, "running", "runner" e "ran" podem ser reduzidas à raiz da palavra "run".

Existem vários algoritmos de stemming, incluindo:

- **Porter Stemmer**: Um dos algoritmos de stemming mais utilizados, conhecido pela sua simplicidade e eficiência.
- **Desencapador Snowball**: Uma versão melhorada do Porter Stemmer, que oferece melhor desempenho e precisão.
- **Lancaster Stemmer**: Um algoritmo de stemming mais agressivo que pode ser demasiado agressivo para algumas aplicações.

O stemming é particularmente útil nas tecnologias de pesquisa, uma vez que ajuda a fazer corresponder diferentes formas de uma palavra a um único termo de índice, melhorando a recuperação dos resultados da pesquisa.

Lemmatização

A lematização é semelhante à stemização, mas reduz as palavras à sua forma canónica em vez de apenas à sua forma de raiz. A lematização tem em conta o contexto e a classe gramatical de uma palavra para garantir que esta é reduzida a uma forma base com significado. Por exemplo, "better" pode ser reduzido a "good" e "running" a "run".

A lematização baseia-se normalmente num dicionário ou numa base de dados lexical, como a WordNet, para procurar a forma básica de uma palavra. Fornece resultados mais exactos em comparação com a stemização, tornando-a mais adequada para aplicações que requerem um processamento linguístico preciso.

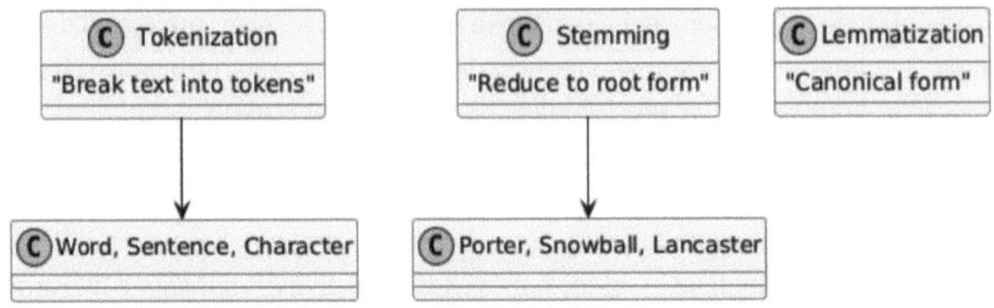

3.3 Reconhecimento de Entidades Nomeadas e Marcação de Parte do Discurso

Reconhecimento de Entidades Nomeadas (NER)

O reconhecimento de entidades nomeadas é o processo de identificação e categorização de entidades nomeadas num texto, tais como pessoas, organizações, locais, datas e outros nomes próprios. O NER é importante nas tecnologias de pesquisa porque ajuda a compreender as entidades específicas mencionadas numa consulta, permitindo obter resultados de pesquisa mais exactos e contextualmente relevantes.

Por exemplo, na consulta "Preço das acções da Apple", o NER ajuda a reconhecer "Apple" como uma empresa e não como um fruto, o que permite ao motor de busca devolver informações financeiras relevantes.

Os sistemas NER utilizam uma combinação de abordagens baseadas em regras e de aprendizagem automática para identificar entidades nomeadas. Os sistemas baseados em regras baseiam-se em padrões e dicionários predefinidos, enquanto os sistemas de aprendizagem automática utilizam algoritmos como os campos aleatórios condicionais (CRF) e as redes neuronais para aprender a partir de dados de treino rotulados.

Marcação de parte do discurso (POS)

A marcação de parte do discurso envolve a atribuição de uma parte do discurso a cada palavra de uma frase, como substantivo, verbo, adjetivo, advérbio, etc. A marcação POS ajuda a compreender a estrutura gramatical e as funções sintácticas das palavras numa frase, o que é crucial para interpretar e processar com precisão as consultas em linguagem natural.

Por exemplo, na frase "O tempo voa como uma seta", a marcação POS ajuda a desambiguar as diferentes interpretações possíveis, identificando "Tempo" como um substantivo, "voa" como um verbo e "como" como uma preposição.

Os algoritmos de etiquetagem POS utilizam normalmente modelos estatísticos como os modelos de Markov ocultos (HMM) e as redes neuronais para prever a etiqueta mais provável para cada palavra com base no seu contexto.

3.4 Pesquisa e compreensão semânticas

A pesquisa semântica tem como objetivo melhorar a precisão da pesquisa através da compreensão do significado e do contexto dos termos de uma consulta. Ao contrário da pesquisa tradicional baseada em palavras-chave, a pesquisa semântica centra-se na intenção subjacente à consulta e nas relações entre entidades e conceitos. As principais técnicas utilizadas na pesquisa semântica incluem:

Reconhecimento de entidades

O reconhecimento de entidades envolve a identificação e categorização de entidades no texto. Isto ajuda a compreender as entidades específicas mencionadas numa consulta, permitindo resultados de pesquisa mais precisos e contextualmente relevantes.

Por exemplo, na consulta "CEO of Google", o reconhecimento de entidades ajuda a identificar "CEO" como um título e "Google" como uma empresa, permitindo que o motor de busca forneça informações sobre o atual CEO da Google.

Deteção de sinónimos

A deteção de sinónimos envolve o reconhecimento de termos diferentes que têm o mesmo significado ou significados semelhantes. Isto permite que o motor de busca devolva resultados relevantes mesmo que os termos exactos da consulta não estejam presentes nos documentos.

Por exemplo, uma pesquisa por "car" (carro) também deve produzir resultados para "automobile" (automóvel) e "vehicle" (veículo). A deteção de sinónimos pode ser conseguida utilizando bases de dados lexicais como a WordNet ou através de técnicas de aprendizagem automática que aprendem com grandes corpora de texto.

Análise contextual

A análise contextual envolve a análise do contexto em que os termos aparecem para desambiguar os significados e melhorar a relevância. Por exemplo, compreender que "Apple" se refere à empresa de tecnologia e não à fruta com base nos termos circundantes.

A análise contextual pode ser efectuada utilizando técnicas como a incorporação de palavras, que representam as palavras como vectores num espaço de elevada dimensão

com base na sua coocorrência com outras palavras. Isto permite ao motor de busca compreender as relações entre as palavras e os seus significados.

Gráficos de conhecimento

Os grafos de conhecimento utilizam dados estruturados para representar relações entre entidades e conceitos, permitindo que o motor de busca forneça resultados mais ricos e mais exactos. Os grafos de conhecimento são constituídos por nós que representam entidades e arestas que representam relações entre elas.

Por exemplo, o Knowledge Graph da Google melhora os resultados da pesquisa ao apresentar caixas de informação sobre pessoas, locais e coisas diretamente na página de resultados da pesquisa, oferecendo aos utilizadores uma visão mais abrangente.

Os gráficos de conhecimento são construídos utilizando dados de várias fontes, como a Wikipedia, Freebase e DBpedia, e são continuamente actualizados para refletir novas informações e relações.

Exemplos e aplicações da PNL na pesquisa

Para compreender melhor o impacto da PNL nas tecnologias de pesquisa, vamos explorar alguns exemplos e aplicações do mundo real:

Pesquisa no Google

A Pesquisa Google utiliza extensivamente a PNL para fornecer resultados de pesquisa exactos e relevantes. Técnicas como o BERT (Bidirectional Encoder Representations from Transformers) ajudam o Google a compreender o contexto das palavras numa consulta, permitindo respostas mais precisas a perguntas complexas.

Por exemplo, uma consulta como "Can you get medicine for someone pharmacy" seria corretamente interpretada para compreender a intenção de obter uma receita médica para outra pessoa.

Siri e Alexa

Os assistentes activados por voz, como a Siri e a Alexa, baseiam-se no PNL para compreender e responder aos comandos do utilizador. Estes sistemas utilizam o reconhecimento de voz para converter a linguagem falada em texto, seguido de técnicas de PNL para interpretar a intenção e gerar respostas adequadas.

Por exemplo, quando um utilizador pergunta "Como está o tempo hoje?", o sistema utiliza a PNL para compreender a consulta e vai buscar as informações meteorológicas relevantes.

Pesquisa de comércio eletrónico

Plataformas de comércio eletrónico como a Amazon e o eBay utilizam a PNL para melhorar as suas funcionalidades de pesquisa. A PNL ajuda a compreender as consultas dos utilizadores, a filtrar produtos e a fornecer recomendações personalizadas com base no histórico de navegação e nas preferências.

Por exemplo, a pesquisa por "ténis de corrida vermelhos" num site de comércio eletrónico devolverá produtos que correspondem à descrição, juntamente com sugestões de itens relacionados com base nas preferências do utilizador.

Pesquisa de cuidados de saúde

No domínio da saúde, a PNL é utilizada para processar e recuperar informações médicas de grandes conjuntos de dados. Sistemas como o PubMed utilizam a PNL para indexar e pesquisar artigos de investigação médica, permitindo aos investigadores e profissionais de saúde encontrar rapidamente estudos e artigos relevantes.

Por exemplo, uma pesquisa por "latest treatments for diabetes" (tratamentos mais recentes para a diabetes) devolverá trabalhos de investigação e artigos sobre as opções de tratamento actuais para a diabetes, graças a técnicas avançadas de PNL.

Desafios e direcções futuras da PNL para a pesquisa

Apesar dos avanços significativos no domínio da PNL, há ainda vários desafios a enfrentar para melhorar ainda mais as tecnologias de pesquisa:

Ambiguidade e polissemia

A linguagem natural é inerentemente ambígua e as palavras podem ter vários significados (polissemia). A desambiguação destes significados com base no contexto continua a ser uma tarefa difícil para os sistemas de PLN.

Por exemplo, a palavra "banco" pode referir-se a uma instituição financeira ou à margem de um rio. A interpretação exacta destes termos ambíguos exige uma análise contextual sofisticada.

Compreender consultas complexas

As consultas complexas que envolvem múltiplas entidades e relações podem ser difíceis de processar com exatidão pelos sistemas de PLN. O desenvolvimento de algoritmos que possam compreender e interpretar tais consultas é uma área de investigação em curso.

Por exemplo, uma consulta como "Mostre-me hotéis perto da Torre Eiffel com WiFi e estacionamento gratuitos" envolve várias restrições que têm de ser compreendidas e aplicadas corretamente.

PNL multilingue

O processamento e a compreensão de várias línguas colocam desafios significativos aos sistemas de PNL. O desenvolvimento de modelos capazes de lidar com diversas línguas e dialectos é crucial para a criação de tecnologias de pesquisa inclusivas e eficazes.

Por exemplo, os motores de pesquisa têm de fornecer resultados exactos para consultas em línguas como o chinês, o árabe e o hindi, que têm estruturas gramaticais e vocabulários diferentes.

Ética e preconceitos

Garantir a equidade e reduzir os enviesamentos nos sistemas de PNL é um desafio crucial. Os modelos de PNL treinados com dados enviesados podem produzir resultados enviesados, conduzindo a um tratamento injusto de determinados grupos ou indivíduos.

Por exemplo, dados de formação tendenciosos podem fazer com que os motores de busca apresentem resultados estereotipados ou discriminatórios para determinadas consultas. A resolução deste problema exige uma análise cuidadosa dos dados utilizados para a formação e a monitorização contínua dos resultados do sistema.

Direcções futuras

O futuro da PNL nas tecnologias de pesquisa apresenta possibilidades interessantes. Algumas das tendências e inovações emergentes incluem:

- **Avanços na aprendizagem profunda**: As melhorias contínuas nos modelos de aprendizagem profunda, como os transformadores e as redes neuronais, aumentarão a capacidade dos sistemas de PNL para compreender e gerar linguagem humana.
- **Integração com gráficos de conhecimentos**: A combinação da PNL com gráficos de conhecimentos permitirá obter resultados de pesquisa mais exactos e contextualmente mais ricos.
- **IA de conversação**: Desenvolver sistemas de IA de conversação mais sofisticados que possam compreender e responder a questões complexas de forma natural e intuitiva.
- **Processamento de linguagem em tempo real**: Melhorar a capacidade dos sistemas de PLN para processar e responder a pedidos de informação em tempo real, proporcionando aos utilizadores um acesso instantâneo à informação.

Conclusão

O Processamento de Linguagem Natural é uma pedra angular das modernas tecnologias de pesquisa, permitindo aos motores de pesquisa compreender e interpretar a linguagem humana com uma precisão notável. Ao utilizar técnicas como tokenização, stemming, lematização, reconhecimento de entidades nomeadas, marcação de parte do discurso e pesquisa semântica, o PLN aumenta a relevância e a precisão dos resultados de pesquisa.

À medida que a PNL continua a evoluir, desempenhará um papel cada vez mais importante na definição do futuro das tecnologias de pesquisa. Ao enfrentar os desafios actuais e explorar novas direcções, a PNL continuará a transformar a forma como procuramos e acedemos à informação, tornando-a mais intuitiva, precisa e fácil de utilizar.

No próximo capítulo, iremos aprofundar as técnicas de IA utilizadas na pesquisa, explorando a forma como a aprendizagem automática, a aprendizagem profunda e outras metodologias orientadas para a IA melhoram ainda mais as capacidades de pesquisa.

Capítulo 4: Técnicas de IA na pesquisa

4.1 Introdução

A Inteligência Artificial (IA) transformou profundamente as tecnologias de pesquisa, tornando-as mais precisas, eficientes e fáceis de utilizar. Este capítulo analisa as várias técnicas de IA utilizadas na pesquisa, incluindo algoritmos de aprendizagem automática, modelos de aprendizagem profunda, aprendizagem por reforço e sistemas de personalização e recomendação baseados em IA. Cada secção explorará estas técnicas em pormenor, fornecendo informações sobre a forma como melhoram as capacidades de pesquisa e as experiências dos utilizadores.

4.2 Algoritmos de aprendizagem automática na pesquisa

Os algoritmos de aprendizagem automática (ML) desempenham um papel fundamental nos motores de pesquisa modernos. Estes algoritmos analisam grandes quantidades de dados para identificar padrões e aprender com as interações dos utilizadores, melhorando continuamente a precisão e a relevância da pesquisa. As principais técnicas de aprendizagem automática utilizadas na pesquisa incluem a aprendizagem supervisionada, a aprendizagem não supervisionada e a aprendizagem por reforço.

Aprendizagem supervisionada

A aprendizagem supervisionada envolve o treino de um modelo em dados rotulados, em que os dados de entrada são emparelhados com o resultado correto. Esta técnica é amplamente utilizada em tecnologias de pesquisa para tarefas como a classificação e a classificação.

- **Classificação**: Os modelos de aprendizagem supervisionada são treinados para classificar documentos com base na sua relevância para uma consulta. Os dados de treino consistem em pares de consulta-documento com pontuações de relevância. Os algoritmos comuns incluem Máquinas de Vectores de Suporte (SVM) e Árvores de Decisão com Reforço de Gradiente (GBDT).

- **Classificação**: Os modelos classificam os documentos em categorias ou tópicos, ajudando a organizar os resultados da pesquisa. Por exemplo, um motor de busca de notícias pode classificar artigos em categorias como política, desporto e tecnologia.

Exemplo: O RankBrain da Google, um algoritmo baseado em IA, utiliza a aprendizagem supervisionada para compreender e processar melhor as consultas de pesquisa. Ajuda o Google a interpretar consultas complexas e ambíguas, aprendendo com pesquisas anteriores e interações dos utilizadores.

Aprendizagem não supervisionada

A aprendizagem não supervisionada lida com dados não rotulados, em que o modelo identifica padrões e estruturas nos dados. Esta técnica é útil para o agrupamento e a deteção de anomalias em tecnologias de pesquisa.

- **Agrupamento**: Os documentos são agrupados em clusters com base na sua semelhança de conteúdo. Isto ajuda a organizar os resultados da pesquisa e a melhorar a relevância. São normalmente utilizados algoritmos como o K-means e o agrupamento hierárquico.

- **Deteção de anomalias**: Identificação de documentos invulgares ou anómalos que se desviam da norma. Isto pode ser útil na deteção de spam ou de conteúdo de baixa qualidade nos resultados da pesquisa.

Exemplo: As plataformas de comércio eletrónico utilizam a aprendizagem não supervisionada para agrupar produtos com base em avaliações e atributos dos utilizadores, ajudando-os a encontrar mais facilmente artigos semelhantes.

Aprendizagem por reforço

A aprendizagem por reforço (RL) consiste em treinar modelos para tomar uma sequência de decisões, recompensando as acções desejáveis e penalizando as indesejáveis. Esta técnica é particularmente eficaz para otimizar os algoritmos de pesquisa com base nas interações e no feedback dos utilizadores.

- **Otimização da pesquisa**: Os modelos RL optimizam o desempenho da pesquisa, ajustando os parâmetros de classificação com base nos cliques dos utilizadores, no tempo de permanência e noutras métricas de envolvimento. Este processo de aprendizagem contínua ajuda a fornecer resultados mais relevantes.

- **Personalização**: A RL é utilizada para personalizar os resultados da pesquisa, aprendendo as preferências individuais do utilizador e adaptando-se ao seu comportamento ao longo do tempo.

Exemplo: O Bing utiliza a aprendizagem por reforço para otimizar os resultados de pesquisa com base no feedback dos utilizadores. O modelo RL ajusta a classificação dos resultados de pesquisa para maximizar a satisfação e o envolvimento do utilizador.

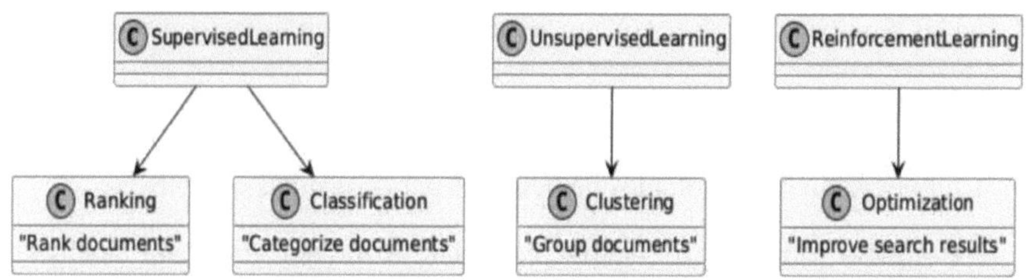

4.3 Modelos de aprendizagem profunda para pesquisa

A aprendizagem profunda, um subconjunto da aprendizagem automática, envolve redes neuronais com várias camadas (redes neuronais profundas) que podem aprender padrões e representações complexos a partir de dados. Os modelos de aprendizagem profunda revolucionaram as tecnologias de pesquisa ao permitirem capacidades de pesquisa mais precisas e sensíveis ao contexto.

Redes Neuronais Convolucionais (CNNs)

As CNN são utilizadas principalmente para a pesquisa de imagens e vídeos. São concebidas para processar e reconhecer padrões visuais através de camadas de operações convolucionais e de agrupamento.

- **Pesquisa de imagens**: As CNN extraem caraterísticas das imagens, permitindo ao motor de busca encontrar imagens visualmente semelhantes com base nas consultas dos utilizadores. Esta técnica é utilizada em aplicações como o Google Images e o Pinterest.

- **Pesquisa de vídeo**: As CNNs podem analisar fotogramas de vídeo para identificar objectos, cenas e actividades, facilitando a pesquisa e a recomendação de vídeos com precisão.

Exemplo: O Google Photos utiliza CNNs para marcar e organizar automaticamente as fotografias com base no seu conteúdo, permitindo aos utilizadores pesquisar imagens utilizando palavras-chave como "praia" ou "aniversário".

Redes Neuronais Recorrentes (RNNs)

As RNNs são concebidas para processar dados sequenciais, o que as torna adequadas para tarefas que envolvem séries temporais ou linguagem natural.

- **Pesquisa de texto**: As RNNs, particularmente as redes de memória de curto prazo (LSTM), captam o contexto e as dependências no texto, melhorando a relevância dos resultados de pesquisa para consultas complexas.
- **Pesquisa por voz**: As RNNs processam a linguagem falada analisando sinais de áudio e convertendo-os em texto. Esta técnica é utilizada em assistentes activados por voz como a Siri e a Alexa.

Exemplo: O sistema de tradução automática neural da Google (GNMT) utiliza RNNs para fornecer traduções mais exactas, considerando todo o contexto de uma frase em vez de apenas palavras individuais.

Transformadores

Os transformadores são um tipo de arquitetura de rede neural que ganhou destaque pela sua capacidade de lidar com modelos linguísticos de grande escala. São particularmente eficazes para tarefas de compreensão e geração de linguagem natural.

- **Compreensão contextual**: Os transformadores, como o BERT (Bidirectional Encoder Representations from Transformers), permitem aos motores de pesquisa compreender o contexto e a semântica das consultas, fornecendo resultados mais exactos e relevantes.
- **Resposta a perguntas**: Os transformadores podem gerar respostas às perguntas dos utilizadores através da compreensão do contexto e da extração de informações relevantes de grandes corpora de texto.

Exemplo: A implementação do BERT pela Google melhorou significativamente a sua capacidade de compreender as consultas em linguagem natural, especialmente as que envolvem nuances e contexto.

4.4 Aprendizagem por reforço na otimização da pesquisa

A aprendizagem por reforço (RL) desempenha um papel crucial na otimização dos algoritmos de pesquisa, aprendendo com as interações dos utilizadores e melhorando continuamente o desempenho da pesquisa.

Otimização da taxa de cliques (CTR)

Os modelos RL são utilizados para maximizar as taxas de cliques, aprendendo quais os resultados de pesquisa em que os utilizadores têm maior probabilidade de clicar. O modelo ajusta a classificação dos resultados de pesquisa para dar prioridade aos que têm CTRs mais elevados.

- **Exploração vs. Exploração**: A RL equilibra a exploração (experimentação de novas estratégias de classificação) e a exploração (utilização de estratégias de sucesso conhecidas) para otimizar os resultados da pesquisa.

Exemplo: As plataformas de publicidade online utilizam o RL para otimizar a colocação e a classificação dos anúncios, maximizando as hipóteses de cliques e conversões dos utilizadores.

Otimização do tempo de espera

O tempo de permanência, a duração que um utilizador passa numa página depois de clicar num resultado de pesquisa, é uma métrica fundamental para avaliar a relevância e a qualidade dos resultados de pesquisa. Os modelos RL optimizam as classificações de pesquisa para aumentar o tempo de permanência, dando prioridade a conteúdos de elevada qualidade.

- **Mecanismo de recompensa**: O modelo é recompensado por tempos de permanência mais longos, incentivando-o a dar prioridade a conteúdos que mantenham os utilizadores envolvidos.

Exemplo: Os agregadores de notícias utilizam a RL para classificar os artigos com base no tempo de permanência previsto, garantindo que os utilizadores recebem conteúdos interessantes e relevantes.

Pesquisa personalizada

A RL é utilizada para personalizar os resultados da pesquisa com base nas preferências e no comportamento de cada utilizador. O modelo aprende com as interações do utilizador, tais como cliques, histórico de pesquisa e feedback, para proporcionar experiências de pesquisa personalizadas.

- **Perfis de utilizador**: Os modelos RL criam perfis de utilizador com base em dados históricos, permitindo recomendações personalizadas e resultados de pesquisa.

Exemplo: A Amazon utiliza o RL para personalizar as recomendações de produtos com base no histórico de navegação e de compras do utilizador, melhorando a experiência de compra.

4.5 Sistemas de personalização e recomendação baseados em IA

Os sistemas de personalização e recomendação orientados para a IA tornaram-se parte integrante das tecnologias de pesquisa, melhorando as experiências dos utilizadores ao fornecerem conteúdos e sugestões personalizados.

Filtragem colaborativa

A filtragem colaborativa é uma técnica popular para criar sistemas de recomendação baseados no comportamento e nas preferências dos utilizadores.

- **Matriz Utilizador-Item**: O sistema analisa as interações utilizador-item, tais como classificações ou cliques, para identificar padrões e semelhanças entre utilizadores e itens.
- **Métodos de vizinhança**: Estes métodos encontram utilizadores semelhantes (com base no utilizador) ou itens (com base no item) para fazer recomendações. Por exemplo, a um utilizador que goste de um determinado livro podem ser recomendados outros livros apreciados por utilizadores semelhantes.

Exemplo: A Netflix utiliza a filtragem colaborativa para recomendar filmes e programas de TV com base no histórico de visualização e nas preferências do utilizador.

Filtragem baseada em conteúdo

A filtragem baseada no conteúdo recomenda itens com base no seu conteúdo e caraterísticas, e não no comportamento do utilizador.

- **Extração de caraterísticas**: O sistema extrai caraterísticas dos itens, tais como palavras-chave, etiquetas ou descrições, e associa-as às preferências do utilizador.
- **Perfis de utilizador**: O sistema cria perfis de utilizador com base nas suas interações com o conteúdo, permitindo recomendações personalizadas.

Exemplo: O Spotify utiliza a filtragem baseada no conteúdo para recomendar músicas e artistas com base nas caraterísticas de áudio das faixas que os utilizadores ouviram e gostaram.

Sistemas de recomendação híbridos

Os sistemas de recomendação híbridos combinam a filtragem colaborativa e a filtragem baseada em conteúdos para tirar partido dos pontos fortes de ambas as técnicas.

- **Híbrido ponderado**: O sistema atribui pesos a diferentes técnicas de recomendação e combina os seus resultados para gerar recomendações finais.
- **Híbrido de comutação**: O sistema alterna entre diferentes técnicas com base no contexto ou nas preferências do utilizador.

Exemplo: O sistema de recomendação da Amazon utiliza uma abordagem híbrida, combinando a filtragem colaborativa, a filtragem baseada no conteúdo e o contexto do utilizador para fornecer recomendações de produtos personalizadas.

4.6 Estudos de casos e aplicações no mundo real

Pesquisa no Google

A Pesquisa Google utiliza uma variedade de técnicas de IA para melhorar a precisão e a relevância da pesquisa. A utilização de algoritmos de aprendizagem automática, modelos de aprendizagem profunda, como o BERT, e aprendizagem por reforço melhorou significativamente a capacidade da Google para compreender e processar consultas complexas.

- **BERT**: A implementação do BERT melhorou a compreensão das consultas em linguagem natural por parte da Google, permitindo que o motor de busca forneça resultados mais exactos para consultas que envolvam nuances e contexto.
- **RankBrain**: O RankBrain da Google utiliza a aprendizagem automática para interpretar e processar melhor as consultas de pesquisa, especialmente as que são ambíguas ou desconhecidas.

Netflix

O sistema de recomendação da Netflix utiliza filtragem colaborativa, filtragem baseada em conteúdo e aprendizagem por reforço para fornecer recomendações de conteúdo personalizadas.

- **Filtragem colaborativa**: A Netflix analisa o histórico de visualizações e as preferências dos utilizadores para recomendar filmes e programas de televisão apreciados por utilizadores semelhantes.
- **Filtragem baseada em conteúdo**: A Netflix utiliza caraterísticas de conteúdo, como o género, o elenco e o realizador, para recomendar conteúdos semelhantes aos utilizadores.
- **Aprendizagem por reforço**: A Netflix optimiza os seus algoritmos de recomendação com base nas interações e no feedback dos utilizadores, melhorando continuamente a relevância das recomendações.

Amazon

A Amazon utiliza técnicas de IA para personalizar as recomendações de produtos e otimizar os resultados de pesquisa, melhorando a experiência de compra dos utilizadores.

- **Filtragem colaborativa**: A Amazon analisa o histórico de compras e as preferências do utilizador para recomendar produtos apreciados por utilizadores semelhantes.
- **Filtragem baseada em conteúdo**: A Amazon utiliza as caraterísticas dos produtos, como a categoria, a marca e as especificações, para recomendar produtos semelhantes aos utilizadores.

- **Aprendizagem por reforço**: A Amazon optimiza os seus algoritmos de recomendação com base nas interações e no feedback dos utilizadores, garantindo que estes recebem recomendações de produtos relevantes e interessantes.

4.7 Desafios e direcções futuras da IA para a pesquisa

Apesar dos avanços significativos na IA para as tecnologias de pesquisa, há vários desafios que precisam de ser resolvidos para melhorar ainda mais as capacidades de pesquisa:

Privacidade e segurança dos dados

Garantir a privacidade e a segurança dos dados é um desafio crítico para as tecnologias de pesquisa baseadas em IA. Proteger os dados do utilizador e manter a confidencialidade é essencial para criar confiança e garantir a conformidade com regulamentos como o RGPD.

Preconceito e equidade

Os modelos de IA podem, inadvertidamente, aprender e perpetuar preconceitos presentes nos dados de treino, conduzindo a resultados injustos ou discriminatórios. Abordar os preconceitos e garantir a equidade nos modelos de IA é crucial para obter resultados de pesquisa equitativos.

Escalabilidade

O dimensionamento de modelos de IA para lidar com grandes volumes de dados e consultas de utilizadores é um desafio significativo. O desenvolvimento de algoritmos e infra-estruturas eficientes para suportar o processamento e a recuperação em tempo real é essencial para manter o desempenho.

Interpretabilidade

Interpretar as decisões tomadas pelos modelos de IA é importante para criar confiança e compreender o seu comportamento. O desenvolvimento de técnicas para explicar as decisões da IA e garantir a transparência é crucial para aumentar a confiança dos utilizadores.

Direcções futuras

O futuro da IA nas tecnologias de pesquisa oferece possibilidades interessantes. Algumas das tendências e inovações emergentes incluem:

- **Avanços na aprendizagem profunda**: As melhorias contínuas nos modelos de aprendizagem profunda, como os transformadores e as redes neuronais, aumentarão a capacidade dos sistemas de IA para compreender e gerar linguagem humana.
- **Integração com gráficos de conhecimento**: A combinação da IA com gráficos de conhecimento permitirá resultados de pesquisa mais precisos e contextualmente ricos.
- **IA de conversação**: Desenvolver sistemas de IA de conversação mais sofisticados que possam compreender e responder a questões complexas de uma forma natural e intuitiva.
- **Processamento de linguagem em tempo real**: Melhorar a capacidade dos sistemas de IA para processar e responder a pedidos de informação em tempo real, proporcionando aos utilizadores um acesso instantâneo à informação.

Conclusão

As técnicas de IA transformaram as tecnologias de pesquisa, tornando-as mais precisas, eficientes e fáceis de utilizar. Os algoritmos de aprendizagem automática, os modelos de aprendizagem profunda, a aprendizagem por reforço e os sistemas de personalização e recomendação baseados em IA melhoraram significativamente as capacidades de pesquisa e as experiências dos utilizadores.

À medida que a IA continua a evoluir, desempenhará um papel cada vez mais importante na definição do futuro das tecnologias de pesquisa. Ao abordar os desafios actuais e explorar novas direcções, a IA continuará a transformar a forma como pesquisamos e acedemos à informação, tornando-a mais intuitiva, precisa e fácil de utilizar.

No próximo capítulo, exploraremos arquitecturas de pesquisa avançadas, incluindo sistemas de pesquisa distribuídos, soluções de pesquisa baseadas na nuvem, pesquisa e indexação em tempo real e otimização da escalabilidade e do desempenho.

Capítulo 5: Arquitecturas de pesquisa avançadas

5.1 Introdução

As arquitecturas de pesquisa avançada são essenciais para gerir as grandes quantidades de dados gerados e consumidos na era digital atual. Estas arquitecturas são concebidas para lidar eficientemente com operações de pesquisa em grande escala, garantindo que os utilizadores recebem resultados rápidos e relevantes. Este capítulo explora os vários componentes das arquitecturas de pesquisa avançada, incluindo sistemas de pesquisa distribuída, soluções de pesquisa baseadas na nuvem, pesquisa e indexação em tempo real e otimização da escalabilidade e do desempenho.

5.2 Sistemas de pesquisa distribuída

Os sistemas de pesquisa distribuída são concebidos para tratar grandes volumes de dados, distribuindo a carga de trabalho por vários servidores ou nós. Esta abordagem melhora o desempenho, a escalabilidade e a tolerância a falhas.

Componentes de sistemas de pesquisa distribuídos

1. **Fragmentação**: A fragmentação envolve a divisão do conjunto de dados em partes menores e mais gerenciáveis, chamadas de fragmentos. Cada fragmento é armazenado em um servidor separado, permitindo que o sistema lide com grandes conjuntos de dados distribuindo a carga. Por exemplo, um motor de busca pode dividir o seu índice em fragmentos com base em IDs de documentos ou regiões geográficas.

2. **Replicação**: A replicação envolve a criação de várias cópias de cada fragmento para garantir alta disponibilidade e tolerância a falhas. Se um servidor falhar, outro pode assumir o controlo, minimizando o tempo de inatividade e garantindo a integridade dos dados.

3. **Balanceamento de carga**: O balanceamento de carga distribui as consultas de pesquisa de entrada uniformemente pelos servidores disponíveis, evitando que um único servidor se torne um ponto de estrangulamento. Isso garante que o sistema possa lidar com grandes volumes de consulta de forma eficiente.

4. **Distribuição do índice**: A distribuição do índice refere-se à forma como o índice é distribuído pelos fragmentos. Existem várias estratégias para distribuir o índice, como o particionamento baseado em hash e o particionamento baseado em intervalo.

   Cada estratégia tem as suas vantagens e desvantagens em termos de desempenho e complexidade.

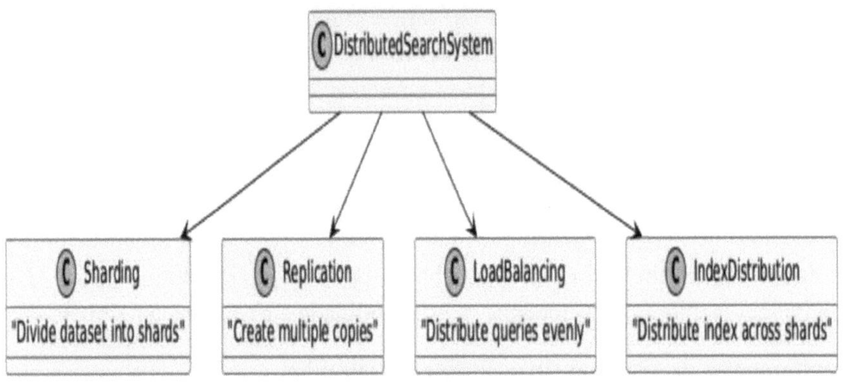

Exemplos de sistemas de pesquisa distribuída

1. **Elasticsearch**: O Elasticsearch é um popular motor de pesquisa de código aberto que utiliza uma arquitetura de pesquisa distribuída. Permite aos utilizadores indexar e pesquisar grandes volumes de dados em tempo real. A natureza distribuída do Elasticsearch permite-lhe escalar horizontalmente, adicionando mais nós ao cluster.

2. **Apache Solr**: O Apache Solr é outra plataforma de pesquisa de código aberto amplamente utilizada que suporta a pesquisa distribuída. As capacidades de pesquisa distribuída do Solr são construídas sobre o Apache Lucene, proporcionando uma poderosa pesquisa de texto integral e indexação em tempo real.

Desafios nos sistemas de pesquisa distribuída

1. **Consistência de dados**: Garantir a consistência dos dados em nós distribuídos pode ser um desafio, especialmente na presença de partições

de rede ou falhas de servidor. Técnicas como a consistência eventual e a replicação baseada em quorum são frequentemente utilizadas para resolver estes desafios.

2. **Latência**: Os sistemas distribuídos podem registar uma latência mais elevada devido à comunicação em rede entre os nós. A otimização do encaminhamento de consultas e a minimização da transferência de dados podem ajudar a reduzir a latência.
3. **Tolerância a falhas**: Garantir a tolerância a falhas em sistemas distribuídos requer um planeamento cuidadoso e estratégias de replicação robustas. A monitorização regular e os mecanismos automatizados de ativação pós-falha são essenciais para manter uma elevada disponibilidade.

5.3 Soluções de pesquisa baseadas na nuvem

As soluções de pesquisa baseadas na nuvem aproveitam a infraestrutura da nuvem para fornecer capacidades de pesquisa escaláveis, flexíveis e económicas. Estas soluções oferecem várias vantagens em relação aos sistemas de pesquisa tradicionais no local.

Benefícios das soluções de pesquisa baseadas na nuvem

1. **Escalabilidade**: As soluções de pesquisa baseadas na nuvem podem ser escaladas horizontalmente, adicionando mais instâncias conforme necessário. Isto permite às organizações lidar com volumes de dados e cargas de consulta crescentes sem investimentos significativos em infra-estruturas.
2. **Eficiência de custos**: Os fornecedores de cloud computing oferecem modelos de preços pay-as-you-go, permitindo que as organizações paguem apenas pelos recursos que utilizam. Isto pode resultar em poupanças de custos significativas em comparação com a manutenção de infra-estruturas no local.
3. **Flexibilidade**: As soluções de pesquisa baseadas na nuvem oferecem flexibilidade em termos de implantação e gerenciamento. As organizações podem provisionar rapidamente novas instâncias, ajustar recursos e implementar actualizações sem a necessidade de grandes alterações de hardware.

4. **Serviços gerenciados**: Muitos provedores de nuvem oferecem serviços gerenciados de pesquisa que lidam com a infraestrutura subjacente, a manutenção e o dimensionamento. Isto permite que as organizações se concentrem nas suas actividades comerciais principais sem se preocuparem com as complexidades da gestão da infraestrutura de pesquisa.

Exemplos de soluções de pesquisa baseadas na nuvem

1. **Serviço Amazon Elasticsearch (Serviço Amazon OpenSearch)**: O Amazon Elasticsearch Service é um serviço totalmente gerenciado que facilita a implantação, a operação e o dimensionamento do Elasticsearch na nuvem. Ele oferece recursos como dimensionamento automático, backups de instantâneos e segurança integrada.

2. **Pesquisa Cognitiva do Azure**: O Azure Cognitive Search é um serviço de pesquisa baseado na nuvem fornecido pela Microsoft. Oferece capacidades poderosas de indexação e consulta, juntamente com funcionalidades de IA incorporadas, como o processamento de linguagem natural e o reconhecimento de imagens.

3. **Pesquisa na nuvem do Google**: O Google Cloud Search é um serviço de pesquisa que utiliza a tecnologia de pesquisa do Google para fornecer resultados rápidos e relevantes. Integra-se com as aplicações do G Suite, permitindo aos utilizadores pesquisar nos dados e documentos da sua organização.

Desafios das soluções de pesquisa baseadas na nuvem

1. **Segurança de dados**: O armazenamento de dados confidenciais na nuvem requer medidas de segurança robustas para proteger contra acesso não autorizado e violações de dados. A encriptação, os controlos de acesso e a conformidade com as normas da indústria são essenciais para garantir a segurança dos dados.

2. **Latência e largura de banda**: A latência da rede e as limitações de largura de banda podem afetar o desempenho das soluções de pesquisa baseadas na nuvem, especialmente para aplicações de pesquisa em tempo real. A otimização das estratégias de transferência de dados e de armazenamento em cache pode ajudar a atenuar estes problemas.

3. **Bloqueio de fornecedor**: Confiar no serviço de pesquisa de um provedor de nuvem específico pode resultar em dependência do fornecedor, dificultando a troca de provedores ou a migração para soluções locais. As organizações devem avaliar cuidadosamente as implicações a longo prazo das soluções de pesquisa baseadas na nuvem.

5.4 Pesquisa e indexação em tempo real

A pesquisa e a indexação em tempo real permitem que os utilizadores acedam às informações mais actualizadas imediatamente após serem adicionadas ou actualizadas. Isto é crucial para aplicações que requerem resultados de pesquisa atempados e precisos, tais como agregadores de notícias, plataformas de redes sociais e serviços financeiros.

Componentes da pesquisa e indexação em tempo real

1. **Indexação incremental**: A indexação incremental envolve a atualização do índice de pesquisa em pequenos incrementos à medida que novos dados são adicionados ou os dados existentes são modificados. Esta abordagem minimiza o tempo necessário para refletir as alterações nos resultados da pesquisa.

2. **Processamento de dados em fluxo contínuo**: Os sistemas de pesquisa em tempo real dependem frequentemente de estruturas de processamento de dados em fluxo contínuo, como o Apache Kafka e o Apache Flink, para lidar com fluxos de dados contínuos. Essas estruturas permitem a ingestão, o processamento e a indexação de dados em tempo real.

3. **Pesquisa quase em tempo real**: A pesquisa quase em tempo real (NRT) oferece um equilíbrio entre o processamento em tempo real e em lote. As alterações são indexadas e tornadas pesquisáveis num curto espaço de tempo, normalmente de alguns segundos a um minuto.

4. Armazenamento em cache: O armazenamento em cache de dados e resultados de pesquisa frequentemente acedidos pode reduzir significativamente a latência e melhorar o desempenho dos sistemas de pesquisa em tempo real. Os armazenamentos de dados na memória, como o Redis e o Memcached, são normalmente utilizados para o armazenamento em cache.

Exemplos de pesquisa e indexação em tempo real

1. **Twitter**: A infraestrutura de pesquisa do Twitter permite a indexação e a recuperação de tweets em tempo real. O sistema processa milhões de tweets por segundo, garantindo que os utilizadores podem pesquisar e ver os tweets mais recentes quase instantaneamente.

2. **Bloomberg**: A plataforma de informação financeira da Bloomberg baseia-se na pesquisa e indexação em tempo real para fornecer dados de mercado, notícias e análises actualizados. Isto assegura que os comerciantes e os profissionais financeiros têm acesso às informações mais recentes para tomarem decisões informadas.

3. **Elastic Stack (ELK Stack)**: O Elastic Stack, composto por Elasticsearch, Logstash e Kibana, suporta pesquisa e indexação em tempo real. É amplamente utilizado para análise de dados de log e eventos, permitindo que as organizações monitorem e solucionem problemas de seus sistemas em tempo real.

Desafios da pesquisa e indexação em tempo real

1. **Volume e velocidade dos dados**: O tratamento de grandes volumes de dados a alta velocidade requer uma infraestrutura robusta e pipelines de processamento de dados eficientes. O escalonamento de sistemas de pesquisa em tempo real para acomodar cargas de dados crescentes pode ser um desafio.

2. **Consistência e exatidão**: Garantir a consistência e a precisão na indexação em tempo real requer uma gestão cuidadosa das actualizações e sincronização de dados. Técnicas como o controlo de versões e a resolução de conflitos são essenciais para manter a integridade dos dados.

3. **Latência**: Minimizar a latência nos sistemas de pesquisa em tempo real é fundamental para fornecer resultados atempados. A otimização da ingestão de dados, do processamento e da é necessária para obter um desempenho de pesquisa de baixa latência.

5.5 Otimização da escalabilidade e do desempenho

A escalabilidade e a otimização do desempenho são considerações fundamentais na conceção e implementação de arquitecturas de pesquisa avançadas. Garantir que os sistemas de pesquisa podem lidar com volumes de dados e exigências dos utilizadores crescentes, mantendo simultaneamente resultados de pesquisa rápidos e precisos, requer uma combinação de estratégias de arquitetura e de afinação do desempenho.

Escalabilidade horizontal

A escalabilidade horizontal, também conhecida como scale-out, envolve a adição de mais servidores ou nós à infraestrutura de pesquisa para lidar com o aumento da carga. Esta abordagem oferece várias vantagens:

- **Elasticidade**: A escalabilidade horizontal permite que os sistemas de pesquisa sejam escalados elasticamente, adicionando ou removendo nós com base na procura. Isto garante a utilização óptima dos recursos e a eficiência dos custos.
- **Tolerância a falhas**: A distribuição da carga de trabalho por vários nós aumenta a tolerância a falhas, uma vez que a falha de um único nó não afecta a disponibilidade global do sistema.
- **Desempenho**: A adição de mais nós melhora a capacidade do sistema para lidar com grandes volumes de consulta e grandes conjuntos de dados, garantindo um desempenho de pesquisa rápido e reativo.

Escalabilidade vertical

A escalabilidade vertical, também conhecida como aumento de escala, envolve a atualização dos recursos de hardware dos servidores existentes, como a adição de mais CPU, memória ou armazenamento. Embora a escalabilidade vertical possa melhorar o desempenho, ela tem limitações em comparação com a escalabilidade horizontal.

- **Limites de recursos**: Existem limites físicos para a atualização de um único servidor. Para além de um determinado ponto, a escalabilidade vertical torna-se impraticável.

- **Custo**: A atualização do hardware do servidor pode ser dispendiosa, especialmente no caso de componentes topo de gama. A escalabilidade horizontal proporciona frequentemente uma solução mais económica.

Técnicas de otimização do desempenho

1. **Otimização do índice**: A otimização do índice de pesquisa é crucial para melhorar o desempenho da pesquisa. Técnicas como a compressão do índice, políticas de fusão e estruturas de dados eficientes podem reduzir o tamanho do índice e aumentar a velocidade de processamento da consulta.

2. **Otimização de consultas**: A otimização de consultas envolve a reescrita e otimização de consultas de pesquisa para minimizar a latência e o consumo de recursos. Técnicas como o armazenamento em cache de consultas, resultados pré-computados e reescrita de consultas podem melhorar significativamente o desempenho.

3. Armazenamento em **cache**: O armazenamento em cache de dados e resultados de pesquisa frequentemente acedidos reduz a necessidade de processar repetidamente as mesmas consultas, reduzindo a latência e melhorando o desempenho. As soluções de armazenamento em cache na memória, como o Redis e o Memcached, são normalmente utilizadas para este fim.

4. **Balanceamento de carga**: O balanceamento de carga distribui as consultas de pesquisa de entrada uniformemente pelos nós disponíveis, evitando que um único nó se torne um gargalo. Isso garante que o sistema possa lidar com grandes volumes de consulta de forma eficiente.

5. **Processamento assíncrono**: O processamento assíncrono separa a ingestão de dados e a indexação do processamento de consultas, permitindo que o sistema trate as actualizações e as consultas em simultâneo. Isto reduz a latência e melhora o desempenho geral do sistema.

Monitorização e definição de perfis

O monitoramento e a criação de perfil regulares dos sistemas de pesquisa são essenciais para identificar gargalos de desempenho e otimizar a utilização de recursos. Ferramentas de monitoramento como o X-Pack do Elasticsearch, o Prometheus e o Grafana fornecem insights sobre métricas do sistema, desempenho de consultas e uso de recursos.

- **Métricas de desempenho**: A monitorização das principais métricas de desempenho, como a latência da consulta, o débito e a utilização de recursos, ajuda a identificar áreas de otimização e a garantir que o sistema cumpre os requisitos de desempenho.
- **Ferramentas de criação de perfis**: As ferramentas de criação de perfil analisam a execução de consultas de pesquisa e processos de indexação, fornecendo informações detalhadas sobre gargalos de desempenho e ineficiências. Esta informação é valiosa para afinar e otimizar os sistemas de pesquisa.

Estudos de caso em escalabilidade e otimização de desempenho

1. **Pesquisa Google**: A Pesquisa Google utiliza uma combinação de escalabilidade horizontal, otimização de índices e otimização de consultas para processar milhares de milhões de pesquisas por dia. Técnicas como a indexação distribuída, a reescrita de consultas e o armazenamento em cache garantem resultados de pesquisa rápidos e precisos.
2. **Elasticsearch**: A arquitetura distribuída do Elasticsearch e as funcionalidades de escalabilidade incorporadas permitem que as organizações lidem eficazmente com operações de pesquisa em grande escala. A utilização de sharding, replicação e balanceamento de carga do Elasticsearch garante uma elevada disponibilidade e desempenho.
3. **Serviço Amazon Elasticsearch**: O Amazon Elasticsearch Service aproveita a escalabilidade e a flexibilidade da nuvem para fornecer recursos de pesquisa gerenciados. O serviço dimensiona automaticamente os recursos com base na procura, garantindo um desempenho ótimo e eficiência de custos.

Conclusão

As arquitecturas de pesquisa avançadas são essenciais para gerir as grandes quantidades de dados gerados e consumidos na era digital atual. Os sistemas de pesquisa distribuídos, as soluções de pesquisa baseadas na nuvem, a pesquisa e indexação em tempo real e a otimização da escalabilidade e do desempenho são componentes essenciais destas arquitecturas. Ao tirar partido destas técnicas, as organizações podem criar sistemas de pesquisa que fornecem resultados rápidos, precisos e relevantes, satisfazendo as exigências dos utilizadores modernos.

À medida que continuamos a gerar e a consumir dados a um ritmo sem precedentes, a importância das arquitecturas de pesquisa avançadas só irá aumentar. Ao enfrentarmos os desafios e explorarmos novas direcções, podemos garantir que as tecnologias de pesquisa permanecem eficientes, escaláveis e capazes de proporcionar experiências de pesquisa de alta qualidade.

No próximo capítulo, exploraremos a pesquisa em domínios específicos, incluindo os motores de pesquisa Web, a pesquisa empresarial, a pesquisa no comércio eletrónico e a pesquisa multimédia, fornecendo informações sobre a forma como as tecnologias de pesquisa são aplicadas em diferentes contextos.

Capítulo 6: Pesquisar em domínios específicos

6.1 Introdução

As tecnologias de pesquisa são parte integrante de vários domínios, cada um com requisitos e desafios únicos. Este capítulo explora aplicações de pesquisa em diferentes domínios, incluindo motores de pesquisa Web, pesquisa empresarial, pesquisa de comércio eletrónico e pesquisa multimédia. Compreender as necessidades específicas e as implementações tecnológicas nestes domínios proporciona uma visão abrangente da forma como as tecnologias de pesquisa podem ser adaptadas a diversos contextos.

6.2 Motores de pesquisa na Web

Os motores de pesquisa da Web são os sistemas de pesquisa mais reconhecidos e utilizados. Indexam milhares de milhões de páginas Web e fornecem aos utilizadores resultados relevantes para as suas consultas em milissegundos. A complexidade e a escala dos motores de pesquisa na Web exigem algoritmos e infra-estruturas avançados.

Componentes principais dos motores de pesquisa da Web

1. **Rastreio da Web**: Os Web crawlers, também conhecidos como spiders ou bots, percorrem a Web para descobrir e indexar conteúdos novos e actualizados. Os rastreadores seguem ligações de páginas conhecidas para novas páginas, construindo sistematicamente um índice do conteúdo da Web.

2. **Indexação**: Uma vez descoberto o conteúdo, este é processado e indexado. O índice é uma estrutura de dados que permite a recuperação rápida de documentos com base em consultas de pesquisa. A indexação envolve a análise do conteúdo, a remoção de palavras de paragem, o stemming ou a lematização de termos e a criação de uma representação pesquisável.

3. **Processamento de consultas**: Quando um utilizador submete uma consulta, o motor de busca processa-a para compreender a intenção do utilizador. Isto envolve a análise da consulta, a sua expansão com sinónimos ou termos relacionados e a sua correspondência com o conteúdo indexado.

4. **Algoritmos de classificação**: Os algoritmos de classificação determinam a ordem dos resultados da pesquisa com base na relevância para a consulta. Os factores que influenciam a classificação incluem a frequência de palavras-chave, a autoridade da página, os backlinks, as métricas de envolvimento do utilizador, entre outros. O PageRank do Google é um exemplo notável de um algoritmo de classificação que avalia a importância das páginas Web com base na sua estrutura de hiperligações.
5. **Interface do utilizador**: A interface do utilizador (IU) apresenta os resultados da pesquisa de uma forma acessível e fácil de utilizar. Inclui caraterísticas como snippets, URLs, imagens e outros metadados para ajudar os utilizadores a avaliar rapidamente a relevância dos resultados.

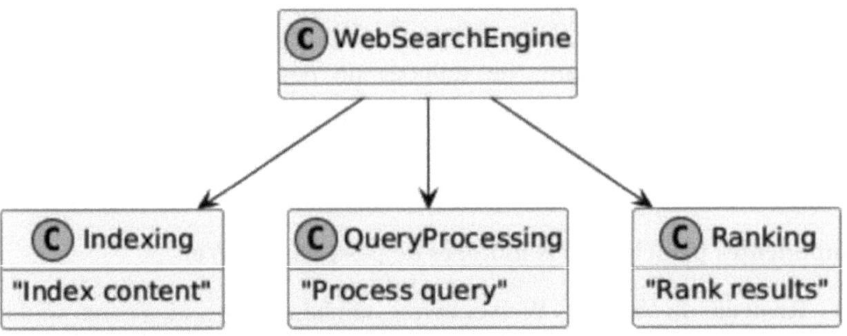

Desafios dos motores de pesquisa na Web

1. **Escala e desempenho**: Os motores de pesquisa da Web têm de tratar milhares de milhões de páginas Web e milhões de consultas por dia. Garantir resultados de pesquisa rápidos e precisos a esta escala requer mecanismos eficientes de indexação, armazenamento e recuperação.
2. **Spam e conteúdo de baixa qualidade**: Identificar e filtrar o spam e o conteúdo de baixa qualidade é crucial para manter a qualidade da pesquisa. Os motores de busca utilizam algoritmos e processos de revisão manual para detetar e despromover esse tipo de conteúdo.

3. **Personalização**: O fornecimento de resultados de pesquisa personalizados com base no histórico, preferências e comportamento do utilizador melhora a experiência do utilizador. No entanto, também levanta problemas de privacidade e requer algoritmos sofisticados para equilibrar a relevância e a privacidade.

Exemplo: Pesquisa Google

A Pesquisa Google é o motor de pesquisa da Web mais utilizado, processando milhares de milhões de consultas por dia. Utiliza algoritmos avançados, como o PageRank, o RankBrain e o BERT, para fornecer resultados altamente relevantes. A inovação contínua da Google nas tecnologias de pesquisa, indexação e classificação definiu os padrões da indústria e melhorou significativamente a qualidade da pesquisa.

6.3 Pesquisa empresarial

Os sistemas de pesquisa empresarial permitem às organizações pesquisar nos seus repositórios de dados internos, incluindo documentos, e-mails, bases de dados e outros dados estruturados e não estruturados. Uma pesquisa empresarial eficiente aumenta a produtividade, a gestão do conhecimento e os processos de tomada de decisão.

Componentes principais da pesquisa empresarial

1. **Integração de dados**: Os sistemas de pesquisa empresarial devem integrar-se com várias fontes de dados dentro de uma organização. Isto inclui sistemas de gestão de conteúdos (CMS), repositórios de documentos, servidores de correio eletrónico, bases de dados e serviços de armazenamento na nuvem. A integração garante uma indexação abrangente de todos os dados relevantes.

2. **Segurança e controlo de acesso**: Garantir a segurança dos dados e respeitar as políticas de controlo de acesso são fundamentais na pesquisa empresarial. O sistema deve aplicar permissões, assegurando que os utilizadores só podem aceder aos dados que estão autorizados a visualizar.

3. **Relevância e personalização**: Os sistemas de pesquisa empresarial necessitam frequentemente de personalizar os resultados com base na função, departamento e pesquisas anteriores do utilizador. A personalização melhora a relevância e a satisfação do utilizador.

4. **Interface do utilizador**: A IU para pesquisa empresarial deve ser intuitiva e suportar capacidades de pesquisa avançadas, tais como filtragem, pesquisa facetada e pesquisas guardadas. Deve também fornecer funcionalidades para pesquisa colaborativa, permitindo aos utilizadores partilhar e anotar resultados.

Desafios da pesquisa empresarial

1. **Silos de dados**: As organizações têm frequentemente dados armazenados em sistemas e formatos diferentes, criando desafios para a pesquisa unificada. A integração e normalização eficazes dos dados são essenciais para ultrapassar estes silos.

2. **Volume e diversidade de dados**: Os sistemas de pesquisa empresarial têm de lidar com grandes volumes de diversos tipos de dados, desde documentos de texto a ficheiros multimédia. São necessários mecanismos eficientes de indexação e recuperação para gerir esta complexidade.

3. **Expectativas dos utilizadores**: Os utilizadores esperam que a pesquisa empresarial seja tão eficiente e eficaz como os motores de pesquisa da Web, como o Google. Para satisfazer estas expectativas, é necessária uma infraestrutura robusta e algoritmos avançados.

Exemplo: Elasticsearch

O Elasticsearch é um popular motor de pesquisa e análise de código aberto amplamente utilizado para pesquisa empresarial. Oferece funcionalidades poderosas, como a pesquisa de texto integral, a indexação em tempo real e a arquitetura distribuída. O Elasticsearch integra-se com várias fontes de dados e fornece funcionalidades de segurança robustas, tornando-o adequado para ambientes empresariais.

6.4 Pesquisa de comércio eletrónico

Os sistemas de pesquisa de comércio eletrónico permitem aos utilizadores encontrar produtos e serviços em plataformas de retalho em linha. A pesquisa eficaz no comércio eletrónico é fundamental para impulsionar as vendas, melhorar a satisfação do cliente e melhorar a experiência do utilizador.

Componentes principais da pesquisa de comércio eletrónico

1. **Indexação de catálogos de produtos**: Os sistemas de pesquisa de comércio eletrónico indexam catálogos de produtos, incluindo títulos de produtos, descrições, atributos, críticas e imagens. Este índice permite a recuperação rápida de informações sobre produtos com base em consultas do utilizador.
2. **Pesquisa facetada**: A pesquisa facetada permite aos utilizadores refinar os resultados da pesquisa utilizando vários filtros, como a categoria, o preço, a marca e a classificação. A pesquisa facetada melhora a experiência do utilizador ao permitir a descoberta precisa de produtos.
3. **Personalização e recomendações**: A personalização dos resultados da pesquisa e o fornecimento de recomendações de produtos com base no comportamento e nas preferências do utilizador aumentam o envolvimento e as taxas de conversão. Os algoritmos de recomendação analisam as interações do utilizador, o histórico de compras e os padrões de navegação para sugerir produtos relevantes.
4. **Relevância da pesquisa**: Garantir a relevância da pesquisa é crucial para as plataformas de comércio eletrónico. Isto implica a classificação dos produtos com base em factores como a correspondência de palavras-chave, a popularidade, as opiniões dos utilizadores e os dados de vendas.

Desafios na pesquisa de comércio eletrónico

1. **Qualidade dos dados**: Garantir dados de produtos de alta qualidade, consistentes e actualizados é essencial para resultados de pesquisa precisos. Uma má qualidade dos dados pode levar a resultados de pesquisa irrelevantes ou incompletos.

2. **Comportamento do utilizador**: Compreender e adaptar-se aos diversos comportamentos e preferências dos utilizadores é um desafio. Os sistemas de pesquisa de comércio eletrónico devem aprender continuamente com as interações dos utilizadores para melhorar a relevância e a personalização.

3. **Desempenho e escalabilidade**: As plataformas de comércio eletrónico registam volumes de tráfego variáveis, especialmente durante as épocas de pico de compras. Garantir um desempenho de pesquisa rápido e escalável é fundamental para manter a satisfação dos utilizadores.

Exemplo: Amazon

O sistema de pesquisa da Amazon é a pedra angular da sua plataforma de comércio eletrónico. Utiliza algoritmos avançados para indexação de produtos, classificação de relevância e recomendações personalizadas. O motor de pesquisa da Amazon utiliza a aprendizagem automática para melhorar continuamente os resultados da pesquisa com base no comportamento e no feedback dos utilizadores.

6.5 Pesquisa multimédia (imagem, vídeo e áudio)

Os sistemas de pesquisa multimédia permitem que os utilizadores pesquisem e recuperem imagens, vídeos e ficheiros áudio. Estes sistemas requerem técnicas especializadas para lidar com as caraterísticas únicas do conteúdo multimédia.

Componentes principais da pesquisa multimédia

1. **Extração de caraterísticas**: Os sistemas de pesquisa multimédia extraem caraterísticas de imagens, vídeos e ficheiros de áudio para criar representações pesquisáveis. As caraterísticas podem incluir elementos visuais (p. ex., cores, formas, texturas), sinais de áudio (p. ex., altura, ritmo) e metadados (p. ex., etiquetas, descrições).

2. **Recuperação baseada em conteúdos**: A recuperação baseada no conteúdo envolve a pesquisa de conteúdo multimédia com base no seu conteúdo real e não em metadados de texto. Por exemplo, um motor de pesquisa de imagens pode encontrar imagens semelhantes com base em padrões de cor e forma.

3. **Metadados e etiquetas**: Os metadados e as etiquetas fornecem contexto e descrição adicionais para o conteúdo multimédia. As etiquetas podem ser atribuídas manualmente ou geradas automaticamente utilizando algoritmos de aprendizagem automática.

4. **Interação e feedback do utilizador**: A interação e o feedback do utilizador são cruciais para aperfeiçoar os resultados da pesquisa multimédia. Os sistemas incorporam frequentemente mecanismos para os utilizadores fornecerem feedback sobre a relevância dos resultados, melhorando a precisão da pesquisa ao longo do tempo.

Desafios na pesquisa multimédia

1. **Diversidade de conteúdos**: O conteúdo multimédia é altamente diversificado, exigindo técnicas especializadas para diferentes tipos de media. Por exemplo, a pesquisa de imagens baseia-se em caraterísticas visuais, enquanto a pesquisa de áudio depende de padrões sonoros.

2. **Processamento e armazenamento**: Os ficheiros multimédia são normalmente maiores e mais complexos do que o texto, o que coloca desafios ao processamento, armazenamento e indexação. Algoritmos e infra-estruturas eficientes são essenciais para o tratamento de grandes volumes de dados multimédia.

3. **Relevância e exatidão**: Garantir a relevância e a precisão na pesquisa multimédia é um desafio devido à natureza subjectiva do conteúdo visual e auditivo. São necessários algoritmos avançados e mecanismos de feedback do utilizador para melhorar a qualidade da pesquisa.

Exemplo: Google Images e YouTube

O Google Imagens permite aos utilizadores pesquisar imagens utilizando palavras-chave e semelhanças visuais. O motor de pesquisa utiliza algoritmos avançados para analisar o conteúdo e os metadados das imagens, fornecendo resultados precisos e relevantes. O sistema de pesquisa do YouTube permite aos utilizadores encontrar vídeos com base em palavras-chave, etiquetas e análise de conteúdo. Utiliza a aprendizagem automática para recomendar vídeos com base no comportamento e nas preferências do utilizador.

6.6 Estudos de casos e aplicações no mundo real

Pesquisa no Google

A Pesquisa Google continua a ser o padrão de ouro dos motores de pesquisa da Web. Utiliza uma combinação de tecnologias de rastreio, indexação e classificação para fornecer resultados de pesquisa rápidos e relevantes. A inovação contínua da Google nos algoritmos de pesquisa, incluindo a utilização de IA e aprendizagem automática, garante que continua a ser o motor de pesquisa mais popular a nível mundial.

Microsoft SharePoint

O Microsoft SharePoint é uma plataforma de pesquisa empresarial amplamente utilizada que se integra com várias fontes de dados nas organizações. As capacidades de pesquisa do SharePoint incluem pesquisa de texto integral, indexação de metadados e controlos de acesso seguros. Aumenta a produtividade ao permitir que os funcionários encontrem rapidamente documentos, mensagens de correio eletrónico e outros conteúdos relevantes.

Pesquisa na Amazon

O sistema de pesquisa da Amazon é um componente crítico da sua plataforma de comércio eletrónico. Utiliza indexação avançada, pesquisa facetada e recomendações personalizadas para ajudar os utilizadores a encontrar produtos de forma eficiente. O investimento contínuo da Amazon em IA e aprendizagem automática garante que as suas capacidades de pesquisa permaneçam de última geração.

Pesquisa no YouTube

O sistema de pesquisa do YouTube permite aos utilizadores encontrar vídeos com base em palavras-chave, etiquetas e análise de conteúdo. Utiliza algoritmos de aprendizagem automática para recomendar vídeos com base no comportamento, preferências e histórico de visualizações do utilizador. O sistema de pesquisa e recomendação do YouTube melhora o envolvimento e a retenção dos utilizadores.

6.7 Tendências futuras na pesquisa específica do domínio

1. **IA e aprendizagem automática**: O avanço contínuo da IA e da aprendizagem automática conduzirá a novas melhorias nas tecnologias de pesquisa em todos os domínios. Os algoritmos melhorados fornecerão resultados de pesquisa mais exactos e personalizados.

2. **Pesquisa visual e por voz**: As tecnologias de pesquisa visual e por voz tornar-se-ão mais predominantes, permitindo aos utilizadores pesquisar utilizando linguagem natural e imagens. Estas tecnologias aumentarão a comodidade e a acessibilidade dos utilizadores.

3. **Integração com a IoT**: A integração das tecnologias de pesquisa com a Internet das Coisas (IoT) permitirá aos utilizadores pesquisar e interagir com dispositivos ligados sem problemas. Por exemplo, os utilizadores podem procurar e controlar dispositivos domésticos inteligentes utilizando comandos de voz.

4. **Realidade Aumentada (RA) e Realidade Virtual (RV)**: A RA e a RV proporcionarão novas formas de pesquisar e interagir com os conteúdos. Os utilizadores poderão pesquisar e visualizar informações em ambientes imersivos, melhorando a experiência de pesquisa.

Conclusão

As tecnologias de pesquisa são parte integrante de vários domínios, cada um com requisitos e desafios únicos. Os motores de pesquisa na Web, a pesquisa em empresas, a pesquisa em comércio eletrónico e a pesquisa em multimédia demonstram as diversas aplicações e implementações tecnológicas dos sistemas de pesquisa. A compreensão destas necessidades específicas do domínio e a utilização de arquitecturas de pesquisa avançadas garantem que as tecnologias de pesquisa podem fornecer resultados rápidos, precisos e relevantes em diferentes contextos.

À medida que continuamos a gerar e a consumir dados a um ritmo sem precedentes, a importância de soluções de pesquisa personalizadas só irá aumentar. Ao abordar os desafios específicos e explorar novas tendências, podemos garantir que as tecnologias de pesquisa permanecem eficientes, escaláveis e capazes de satisfazer as necessidades em evolução dos utilizadores em diferentes domínios.

No próximo capítulo, exploraremos a avaliação e as métricas das tecnologias de pesquisa, fornecendo informações sobre a forma como a qualidade da pesquisa é medida e optimizada.

Capítulo 7: Avaliação e métricas

7.1 Introdução

A avaliação da eficácia das tecnologias de pesquisa é crucial para garantir que estas satisfazem as necessidades dos utilizadores e fornecem resultados relevantes, precisos e oportunos. Este capítulo explora vários métodos de avaliação e métricas utilizados para avaliar a qualidade da pesquisa, a satisfação do utilizador e o desempenho do sistema. Também discute a importância dos testes A/B e da experimentação na otimização de algoritmos e interfaces de pesquisa.

7.2 Avaliação da qualidade da pesquisa

A avaliação da qualidade da pesquisa consiste em avaliar o grau de eficácia com que um sistema de pesquisa recupera informações relevantes em resposta às perguntas dos utilizadores. O principal objetivo é garantir que os utilizadores possam encontrar as informações de que necessitam de forma rápida e fácil.

Métricas de relevância

1. **Precisão**: A precisão mede a exatidão dos resultados da pesquisa, calculando a proporção de documentos relevantes recuperados em relação ao total de documentos recuperados.

Precisão = Número de documentos relevantes

/ Número total de documentos recuperados

Uma precisão elevada indica que a maioria dos documentos recuperados são relevantes para a consulta.

2. **Recuperação**: A recuperação mede a exaustividade dos resultados da pesquisa, calculando a proporção de documentos relevantes recuperados em relação ao total de documentos relevantes disponíveis.

Precisão = Número de documentos relevantes recuperados / Número total de documentos relevantes

Uma elevada recuperação indica que o sistema de pesquisa recupera a maioria dos documentos relevantes disponíveis.

3. **Pontuação F**: A pontuação F (ou pontuação F1) é a média harmónica da precisão e da recuperação, proporcionando um equilíbrio entre as duas métricas.

$$F\text{ - }Pontuação = 2 \times ((Precisão \times Recuperação) / (Precisão + Recuperação))$$

A pontuação F é útil para avaliar sistemas de pesquisa em que tanto a precisão como a recuperação são importantes.

4. **Precisão média média (MAP)**: O MAP calcula as pontuações médias de precisão para várias consultas e fornece uma única métrica para avaliar o desempenho geral da pesquisa.

$$MAP = 1/N \sum i = 1 \text{ a } N \text{ Precisão média}(i)$$

O MAP é particularmente útil para comparar diferentes sistemas ou algoritmos de pesquisa.

5. **Ganho cumulativo descontado normalizado (NDCG)**: O NDCG é uma métrica que avalia a relevância dos resultados de pesquisa, considerando a posição de cada resultado. Atribui maior importância aos documentos relevantes que aparecem mais cedo na

$$NDCG = (1 / IDCG) * Z (de\ i = 1 \text{ a } n) [(2^K rel\_1 - 1) / log2(i + 1)] 1$$

é o DCG ideal, representando a melhor classificação possível dos documentos.

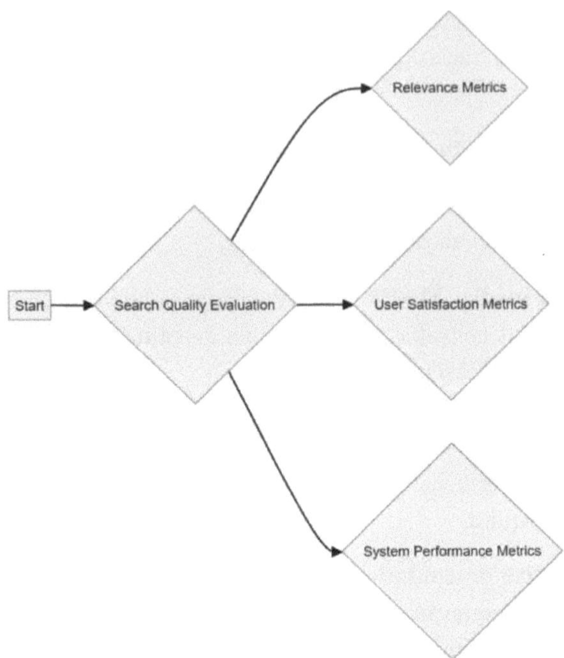

Métricas de satisfação do utilizador

1. **Taxa de cliques (CTR)**: A CTR mede a proporção de utilizadores que clicam num resultado de pesquisa em relação ao número total de utilizadores que visualizaram a página de resultados de pesquisa. Uma CTR elevada indica que os resultados da pesquisa são relevantes e cativantes.

CTR = Número de cliques / Número de impressões

2. **Tempo de permanência**: O tempo de permanência mede a quantidade de tempo que um utilizador passa numa página depois de clicar num resultado de pesquisa. Tempos de permanência mais longos indicam que os utilizadores consideram o conteúdo útil e relevante.

3. **Taxa de rejeição**: A taxa de rejeição mede a proporção de utilizadores que abandonam o site depois de visualizarem apenas uma página. Uma taxa de rejeição elevada pode indicar que os resultados da pesquisa não estão a corresponder às expectativas dos utilizadores.

4. **Taxa de sucesso da tarefa**: A taxa de sucesso da tarefa mede a proporção de utilizadores que concluem com êxito a tarefa pretendida utilizando o sistema de pesquisa. Esta métrica é frequentemente recolhida através de estudos e inquéritos aos utilizadores.

Métricas de desempenho do sistema

1. **Tempo de resposta**: O tempo de resposta mede o tempo que o sistema de pesquisa demora a devolver os resultados após a apresentação de uma consulta. Tempos de resposta mais rápidos aumentam a satisfação e o envolvimento dos utilizadores.
2. **Taxa de transferência**: O rendimento mede o número de consultas processadas pelo sistema de pesquisa por unidade de tempo. Uma taxa de transferência elevada indica que o sistema pode tratar um grande volume de consultas de forma eficiente.
3. **Escalabilidade**: A escalabilidade mede a capacidade do sistema de pesquisa para manter o desempenho à medida que o volume de dados e de consultas aumenta. A escalabilidade é avaliada através da avaliação do desempenho do sistema sob diferentes cargas.

7.3 Métricas de satisfação e experiência do utilizador

A avaliação da satisfação e da experiência do utilizador é essencial para compreender até que ponto o sistema de pesquisa satisfaz as necessidades do utilizador. Estas métricas fornecem informações sobre o comportamento, as preferências e a satisfação geral do utilizador com a experiência de pesquisa.

Feedback do utilizador

1. **Inquéritos e questionários**: A recolha de comentários dos utilizadores através de inquéritos e questionários fornece informações diretas sobre a satisfação dos utilizadores e as áreas a melhorar. As perguntas podem abranger aspectos como a relevância da pesquisa, a facilidade de utilização e a satisfação geral.
2. **Classificações e críticas dos utilizadores**: A análise das classificações e comentários dos utilizadores sobre os resultados e funcionalidades da pesquisa ajuda a identificar os pontos fortes e fracos do sistema de

pesquisa. As classificações e comentários positivos indicam a satisfação do utilizador, enquanto o feedback negativo destaca as áreas a melhorar.

Métricas comportamentais

1. **Taxa de abandono da pesquisa**: A taxa de abandono da pesquisa mede a proporção de utilizadores que abandonam a pesquisa sem clicar em nenhum resultado. Uma taxa de abandono elevada pode indicar que os utilizadores não estão a encontrar resultados relevantes.

2. **Taxa de reformulação de consultas**: A taxa de reformulação de consultas mede a proporção de utilizadores que modificam as suas consultas depois de verem os resultados iniciais da pesquisa. Taxas de reformulação elevadas sugerem que os utilizadores não estão satisfeitos com os resultados iniciais e precisam de refinar as suas consultas.

3. **Posição do clique**: A posição do clique mede a posição média dos resultados clicados. Posições de clique mais baixas (ou seja, resultados com classificações mais elevadas) indicam que os utilizadores estão a encontrar resultados relevantes perto do topo da página de resultados de pesquisa.

7.4 Testes A/B e experimentação

Os testes A/B e a experimentação são essenciais para otimizar os algoritmos de pesquisa, as interfaces e as funcionalidades. Estes métodos envolvem a comparação de diferentes versões do sistema de pesquisa para determinar qual tem melhor desempenho com base em métricas predefinidas.

Teste A/B

1. **Conceção experimental**: Nos testes A/B, os utilizadores são distribuídos aleatoriamente por um de dois grupos: o grupo de controlo (A) e o grupo experimental (B). O grupo de controlo utiliza a versão existente do sistema de pesquisa, enquanto o grupo experimental utiliza uma versão modificada com alterações no algoritmo, na interface ou nas funcionalidades.

2. **Comparação de métricas**: O desempenho dos dois grupos é comparado com base em métricas-chave, como CTR, tempo de permanência e taxa de sucesso da tarefa. A análise estatística é utilizada para determinar se as diferenças observadas são significativas.

3. **Iteração e melhoria**: Com base nos resultados dos testes A/B, o sistema de pesquisa é melhorado iterativamente. As alterações bem-sucedidas são implementadas, enquanto as que não tiveram êxito são rejeitadas ou aperfeiçoadas para testes posteriores.

Testes multivariados

Os testes multivariados envolvem o teste de múltiplas variações de diferentes elementos em simultâneo para determinar a combinação ideal. Este método é mais complexo do que o teste A/B, mas fornece informações mais aprofundadas sobre a forma como as diferentes alterações interagem e afectam o comportamento do utilizador.

1. **Conceção experimental**: São testadas simultaneamente múltiplas variações de diferentes elementos (por exemplo, algoritmos de classificação, concepções de interface, caraterísticas). Os utilizadores são divididos em vários grupos, cada um experimentando uma combinação diferente de alterações.
2. **Comparação de métricas**: O desempenho de cada combinação é avaliado com base em métricas-chave. A análise estatística identifica a combinação com melhor desempenho e fornece informações sobre a forma como as diferentes alterações interagem.

7.5 Estudos de casos e aplicações no mundo real

Pesquisa no Google

A Google utiliza uma combinação de métricas de relevância, métricas de satisfação do utilizador e métricas de desempenho do sistema para avaliar e otimizar os seus algoritmos de pesquisa. Os testes A/B contínuos e a experimentação garantem que a Pesquisa Google continua a ser altamente relevante e fácil de utilizar. Por exemplo, a implementação do algoritmo BERT foi amplamente testada e avaliada antes de ser implementada para melhorar a compreensão da linguagem natural.

- **Implementação do BERT**: Antes de implementar o BERT (Bidirectional Encoder Representations from Transformers), a Google efectuou testes A/B exaustivos para garantir que melhorava significativamente a compreensão das consultas dos utilizadores. O BERT ajuda a Google a processar consultas complexas e ambíguas de forma mais eficaz, compreendendo o contexto e as nuances das palavras numa frase.

- **RankBrain**: O RankBrain da Google utiliza a aprendizagem automática para interpretar e processar as consultas de pesquisa, especialmente as que são ambíguas ou desconhecidas. O RankBrain aprende continuamente com as interações dos utilizadores, melhorando a relevância e a precisão dos resultados de pesquisa.

Pesquisa na Amazon

A Amazon avalia a eficácia dos seus sistemas de pesquisa e recomendação utilizando métricas como CTR, taxas de conversão e satisfação do cliente. Os testes A/B são utilizados para otimizar os algoritmos de classificação de produtos, as recomendações personalizadas e os designs da interface de pesquisa. A experimentação contínua da Amazon garante que os utilizadores tenham uma experiência de compra perfeita e satisfatória.

- **Recomendações personalizadas**: O sistema de recomendações da Amazon utiliza algoritmos de filtragem colaborativa e de aprendizagem automática para sugerir produtos com base no comportamento do utilizador, no histórico de compras e nos padrões de navegação. Os testes A/B são utilizados para aperfeiçoar estes algoritmos e melhorar a relevância das recomendações.
- **Relevância da pesquisa**: O motor de pesquisa da Amazon classifica os produtos com base em factores como a correspondência de palavras-chave, a popularidade do produto, as opiniões dos utilizadores e os dados de vendas. Os testes A/B contínuos e a experimentação garantem que os resultados da pesquisa são relevantes e correspondem às expectativas dos utilizadores.

Bing

O Bing utiliza uma variedade de métricas de avaliação para avaliar a qualidade dos seus resultados de pesquisa. As métricas de satisfação do utilizador, tais como as taxas de cliques e os tempos de permanência, são combinadas com métricas de relevância para garantir experiências de pesquisa de elevada qualidade. A equipa de pesquisa do Bing efectua testes A/B extensivos para aperfeiçoar os algoritmos e melhorar o desempenho da pesquisa.

- **Pesquisa visual**: A funcionalidade de pesquisa visual do Bing permite aos utilizadores pesquisar produtos, pontos de referência e outros itens utilizando imagens. São utilizados testes A/B extensivos e feedback dos utilizadores para otimizar os algoritmos de pesquisa visual e melhorar a precisão dos resultados.
- **Pesquisa personalizada**: O Bing personaliza os resultados da pesquisa com base nas preferências do utilizador, histórico de pesquisa e localização. A experimentação contínua e a avaliação em ajudam o Bing a aperfeiçoar os seus algoritmos de personalização para aumentar a satisfação do utilizador.

7.6 Desafios na avaliação da pesquisa

Apesar da disponibilidade de vários métodos e métricas de avaliação, existem vários desafios para avaliar com exatidão a qualidade e a eficácia dos sistemas de pesquisa.

Subjetividade da relevância

A relevância é inerentemente subjectiva, variando de utilizador para utilizador com base nas preferências individuais, no contexto e nas necessidades de informação. Criar uma métrica de relevância universalmente aplicável é um desafio e os sistemas de pesquisa devem equilibrar as diferentes perspectivas dos utilizadores.

- **Relevância contextual**: Diferentes utilizadores podem ter diferentes interpretações de relevância com base no seu contexto. Por exemplo, uma pesquisa por "maçã" pode referir-se ao fruto ou à empresa de tecnologia, dependendo da intenção do utilizador. Compreender e incorporar a relevância contextual nas métricas de avaliação é essencial para uma avaliação exacta.

Privacidade e ética dos dados

A recolha e análise de dados de utilizadores para fins de avaliação suscita preocupações éticas e de privacidade. Garantir o consentimento do utilizador, tornar os dados anónimos e cumprir regulamentos como o RGPD são essenciais para uma avaliação ética da pesquisa.

- **Consentimento do utilizador**: A obtenção do consentimento explícito dos utilizadores para a recolha e análise de dados é crucial para manter a confiança e a conformidade com os regulamentos de privacidade. São necessárias políticas de privacidade transparentes e controlos do utilizador para garantir práticas de dados éticas.
- **Anonimização de dados**: A anonimização dos dados do utilizador ajuda a proteger a privacidade, ao mesmo tempo que permite uma análise significativa. Técnicas como a máscara de dados, a agregação e a pseudonimização são normalmente utilizadas para tornar os dados anónimos.

Adaptação contínua

O comportamento dos utilizadores e as necessidades de informação evoluem constantemente, exigindo que os sistemas de pesquisa se adaptem continuamente. A atualização regular das métricas de avaliação e a realização de experiências contínuas são necessárias para acompanhar a evolução das expectativas dos utilizadores.

- **Métricas dinâmicas**: As métricas de avaliação devem ser actualizadas regularmente para refletir a evolução do comportamento e das preferências dos utilizadores. Isto assegura que as métricas permanecem relevantes e exactas na avaliação da qualidade da pesquisa.
- **Experimentação contínua**: Os testes A/B contínuos e a experimentação ajudam os sistemas de pesquisa a adaptarem-se às necessidades e preferências dos utilizadores em constante mudança. Este processo iterativo garante que o sistema de pesquisa se mantém eficaz e fácil de utilizar.

Balanceamento de métricas

Equilibrar diferentes métricas de avaliação, como a precisão e a revocação, a relevância e a personalização, a satisfação do utilizador e o desempenho do sistema, pode ser um desafio. Os sistemas de pesquisa devem dar prioridade às métricas com base em objectivos e contextos específicos.

- **Compensações**: O equilíbrio das compensações entre diferentes métricas é essencial para otimizar o desempenho da pesquisa. Por exemplo, aumentar a precisão pode reduzir a recuperação e vice-versa. Compreender e gerir estas compensações é crucial para obter uma qualidade de pesquisa óptima.

7.7 Direcções futuras na avaliação da pesquisa

O futuro da avaliação da pesquisa será moldado pelos avanços da IA, da aprendizagem automática e da investigação da experiência do utilizador. As tendências e inovações emergentes incluem:

Avaliação baseada em IA

A IA e a aprendizagem automática desempenharão um papel mais importante na automatização e melhoria da avaliação da pesquisa. A análise preditiva e os algoritmos avançados fornecerão informações mais aprofundadas sobre o comportamento do utilizador e o desempenho da pesquisa.

- **Avaliação automatizada**: As ferramentas de avaliação baseadas em IA podem automatizar a avaliação da qualidade da pesquisa, reduzindo a necessidade de análise manual. Estas ferramentas utilizam algoritmos de aprendizagem automática para identificar padrões e tendências no comportamento do utilizador e no desempenho da pesquisa.
- **Análise preditiva**: A análise preditiva utiliza dados históricos para prever o desempenho futuro da pesquisa e o comportamento do utilizador. Isto ajuda os sistemas de pesquisa a resolverem proactivamente potenciais problemas e a optimizarem o desempenho.

Avaliação em tempo real

Os métodos de avaliação em tempo real permitirão a monitorização e a otimização contínuas dos sistemas de pesquisa. O feedback instantâneo e os algoritmos adaptativos garantirão que os resultados da pesquisa se mantenham relevantes e actualizados.

- **Métricas em tempo real**: As métricas em tempo real fornecem feedback instantâneo sobre o desempenho da pesquisa, permitindo ajustes e optimizações imediatos. Estas métricas incluem CTR em tempo real, tempo de permanência e taxas de sucesso de consulta.
- **Algoritmos adaptativos**: Os algoritmos adaptativos aprendem continuamente com os dados em tempo real e ajustam os parâmetros de pesquisa para otimizar o desempenho. Isto assegura que o sistema de pesquisa permanece eficaz em ambientes em mudança.

Avaliação centrada no utilizador

Os métodos de avaliação centrados no utilizador centrar-se-ão na compreensão das necessidades, preferências e contextos individuais dos utilizadores. As métricas de avaliação personalizadas fornecerão avaliações mais precisas da qualidade da pesquisa e da satisfação do utilizador.

- **Métricas personalizadas**: As métricas personalizadas consideram as preferências e o comportamento individuais do utilizador, fornecendo uma avaliação mais precisa da qualidade da pesquisa. Estas métricas ajudam a adaptar os resultados da pesquisa para satisfazer as necessidades específicas do utilizador.

- **Análise do percurso do utilizador**: A análise de todo o percurso do utilizador, desde a submissão da consulta até à conclusão da tarefa, fornece informações sobre o comportamento e a satisfação do utilizador. Esta abordagem holística ajuda a identificar áreas de melhoria e a otimizar a experiência de pesquisa.

Avaliação multimodal

A integração de métodos de avaliação multimodal terá em conta várias formas de interação do utilizador, como a voz, o visual e o tato. Esta abordagem global proporcionará uma visão holística da eficácia da pesquisa em diferentes modalidades.

- **Avaliação da pesquisa por voz**: A avaliação dos sistemas de pesquisa por voz requer métricas que considerem a precisão do reconhecimento de voz, o tempo de resposta e a satisfação do utilizador. Compreender as nuances da interação por voz é essencial para otimizar o desempenho da pesquisa por voz.

- **Avaliação da pesquisa visual**: A avaliação da pesquisa visual envolve a avaliação da exatidão e relevância dos resultados de pesquisa baseados em imagens. São utilizadas métricas como a semelhança visual, a precisão do reconhecimento de objectos e o feedback do utilizador para avaliar os sistemas de pesquisa visual.

Conclusão

A avaliação da eficácia das tecnologias de pesquisa é crucial para garantir que estas satisfazem as necessidades dos utilizadores e fornecem resultados relevantes, precisos e oportunos. Ao utilizar uma combinação de métricas de relevância, métricas de satisfação do utilizador, métricas de desempenho do sistema e experimentação contínua, os sistemas de pesquisa podem ser optimizados para proporcionar experiências de pesquisa de elevada qualidade. A abordagem dos desafios e a exploração de direcções futuras na avaliação da pesquisa garantirão que as tecnologias de pesquisa permaneçam eficientes, escaláveis e capazes de proporcionar experiências de utilizador excepcionais.

No próximo capítulo, exploraremos as considerações éticas na IA e na pesquisa, debatendo questões como a parcialidade e a justiça, as preocupações com a privacidade e a transparência e explicabilidade.

Capítulo 8: Considerações éticas sobre a IA e a pesquisa

8.1 Introdução

À medida que as tecnologias de IA se tornam cada vez mais parte integrante dos sistemas de pesquisa, as considerações éticas ganharam proeminência. Questões como a parcialidade e a justiça nos algoritmos de pesquisa, as preocupações com a privacidade, a proteção de dados e a transparência e explicabilidade são fundamentais para o desenvolvimento e a implementação de sistemas de IA éticos. Este capítulo explora estes desafios éticos e fornece informações sobre a forma como podem ser abordados para garantir que as tecnologias de pesquisa baseadas em IA são justas, transparentes e respeitam a privacidade dos utilizadores.

8.2 Preconceito e equidade nos algoritmos de pesquisa

Os preconceitos nos algoritmos de pesquisa podem levar a um tratamento injusto de indivíduos ou grupos, perpetuando estereótipos e amplificando as desigualdades existentes. Garantir a equidade nos algoritmos de pesquisa é crucial para manter a confiança e proporcionar experiências de pesquisa equitativas.

Tipos de enviesamento nos algoritmos de pesquisa

1. Preconceito **dos dados**: O preconceito pode ter origem nos dados de treino utilizados para desenvolver algoritmos de pesquisa. Se os dados reflectirem preconceitos sociais existentes, o algoritmo pode aprender e perpetuar esses preconceitos.
   - **Exemplo**: Se um conjunto de dados utilizado para treinar um motor de busca de emprego contiver preconceitos históricos de contratação contra determinados grupos demográficos, o motor de busca pode continuar a desfavorecer esses grupos.
2. **Preconceito algorítmico**: O preconceito pode também resultar da conceção e implementação do próprio algoritmo. Certas escolhas de conceção podem favorecer involuntariamente um grupo em detrimento de outro.
   - **Exemplo**: Um algoritmo de pesquisa que dá prioridade a conteúdos populares pode realçar desproporcionadamente as perspectivas dominantes, marginalizando as vozes das minorias.

3. **Preconceito na interação** com o utilizador: O preconceito pode resultar das interações do utilizador com o sistema de pesquisa. Por exemplo, os utilizadores podem clicar em determinados tipos de resultados com mais frequência, reforçando a tendência do algoritmo para esses resultados.

   - **Exemplo**: Se os utilizadores clicarem predominantemente em autores masculinos para consultas técnicas, o algoritmo de pesquisa pode aprender a classificar melhor o conteúdo de autoria masculina, perpetuando o preconceito de género.

Abordagem dos preconceitos nos algoritmos de pesquisa

1. **Dados diversificados e representativos**: Garantir que os dados da formação são diversificados e representativos de diferentes grupos é crucial para reduzir os preconceitos. Devem ser feitos esforços para incluir dados de várias fontes e dados demográficos.

   - **Ação**: Selecionar conjuntos de dados que englobem uma vasta gama de perspectivas e experiências. Atualizar regularmente os dados para refletir as mudanças na sociedade e colmatar as lacunas.

2. **Auditoria e teste de algoritmos**: A auditoria e o teste regulares dos algoritmos de pesquisa quanto a enviesamentos podem ajudar a identificar e atenuar resultados injustos. Isto envolve a avaliação do desempenho do algoritmo em diferentes grupos demográficos.

   - **Ação**: Realizar auditorias de parcialidade utilizando ferramentas e estruturas concebidas para detetar a parcialidade dos algoritmos. Testar a equidade dos resultados do algoritmo e efetuar os ajustamentos necessários.

3. **Restrições de justiça**: A implementação de restrições de justiça durante o desenvolvimento do algoritmo pode ajudar a garantir que as decisões do algoritmo são equitativas. Estas restrições podem ser concebidas para minimizar impactos díspares em diferentes grupos.

   - **Ação**: Incorporar métricas e restrições de equidade na função objetiva do algoritmo. Assegurar que o algoritmo optimiza tanto a precisão como a equidade.

4. **Feedback do utilizador e iteração**: O envolvimento dos utilizadores no fornecimento de feedback sobre os resultados da pesquisa pode ajudar a identificar enviesamentos e a melhorar a equidade. As melhorias iterativas baseadas no feedback dos utilizadores podem aumentar a equidade do algoritmo ao longo do tempo.
   - **Ação**: Criar mecanismos para os utilizadores comunicarem resultados de pesquisa tendenciosos ou injustos. Utilizar este feedback para aperfeiçoar o algoritmo e resolver os enviesamentos identificados.

Estudos de casos sobre a abordagem dos preconceitos

1. **Práticas de IA inclusivas da Google**: A Google implementou várias medidas para lidar com o enviesamento nos seus algoritmos de pesquisa, incluindo a recolha de dados diversificados, restrições de justiça e auditorias regulares de enviesamento. Os princípios de IA da Google enfatizam a justiça e a não discriminação, orientando o desenvolvimento de sistemas de IA éticos.
2. **Kit de ferramentas de equidade da Microsoft**: A Microsoft desenvolveu um kit de ferramentas de equidade que fornece ferramentas e diretrizes para detetar e atenuar a parcialidade nos sistemas de IA. O kit de ferramentas ajuda os programadores a avaliar a equidade dos seus algoritmos e a efetuar os ajustes necessários para reduzir a parcialidade.

8.3 Preocupações com a privacidade e proteção de dados

A utilização da IA nas tecnologias de pesquisa suscita preocupações significativas em termos de privacidade. A recolha, o armazenamento e a análise de dados do utilizador para melhorar os algoritmos de pesquisa e a personalização podem conduzir a violações da privacidade se não forem tratadas de forma responsável.

Garantir a proteção dos dados e respeitar a privacidade dos utilizadores é essencial para criar confiança e cumprir a regulamentação.

Principais preocupações em matéria de privacidade

1. **Recolha de dados**: A recolha de grandes quantidades de dados dos utilizadores para treinar e melhorar os algoritmos de pesquisa pode expor informações sensíveis. Os utilizadores podem não ter conhecimento da extensão da recolha de dados e das suas implicações.

- o **Preocupação**: Os utilizadores podem não autorizar a recolha de determinados tipos de dados, como informações de localização ou histórico de pesquisa.

2. **Armazenamento e segurança de dados**: O armazenamento seguro dos dados do utilizador é fundamental para evitar o acesso não autorizado e as violações de dados. Medidas de segurança inadequadas podem levar a violações significativas da privacidade.

   o **Preocupação**: A encriptação fraca, os controlos de acesso insuficientes e os protocolos de segurança inadequados podem expor os dados dos utilizadores a ciberameaças.

3. **Utilização e partilha de dados**: A forma como os dados do utilizador são utilizados e partilhados com terceiros pode ter impacto na privacidade. Os utilizadores podem sentir-se incomodados com o facto de os seus dados serem partilhados ou utilizados para fins que não consentiram.

   o Preocupação: A partilha de dados dos utilizadores com anunciantes ou outros terceiros sem consentimento explícito pode levar à utilização indevida de informações pessoais.

Garantir a proteção de dados

1. **Transparência e consentimento**: Comunicar claramente as práticas de recolha de dados e obter o consentimento informado dos utilizadores é essencial para respeitar a privacidade. A transparência cria confiança e garante que os utilizadores estão cientes da forma como os seus dados são utilizados.

   o **Ação**: Fornecer políticas de privacidade claras e concisas que expliquem que dados são recolhidos, como são utilizados e com quem são partilhados. Obter o consentimento explícito dos utilizadores antes de recolher os seus dados.

2. **Anonimização de dados:** A anonimização dos dados do utilizador ajuda a proteger a privacidade através da remoção de informações de identificação pessoal (PII). Os dados anonimizados podem ainda ser utilizados para análise sem comprometer a privacidade do utilizador.

- o Ação: Implementar técnicas de anonimização de dados, como o mascaramento e a agregação de dados, para proteger as identidades dos utilizadores e, ao mesmo tempo, manter a utilidade dos dados para análise.

3. **Medidas de segurança:** A implementação de medidas de segurança robustas é crucial para proteger os dados armazenados. Isto inclui encriptação, controlos de acesso, auditorias de segurança regulares e conformidade com as normas de segurança.
   - o Ação: Encriptar os dados do utilizador em repouso e em trânsito. Utilizar controlos de acesso para limitar o acesso aos dados ao pessoal autorizado. Efetuar auditorias de segurança regulares para identificar e resolver vulnerabilidades.

4. **Controlo do utilizador:** Proporcionar aos utilizadores o controlo dos seus dados aumenta a privacidade e a confiança. Os utilizadores devem ter a possibilidade de aceder, modificar e apagar os seus dados.
   - o Ação: Implementar interfaces de utilizador que permitam aos utilizadores ver, editar e eliminar os seus dados. Fornecer opções para os utilizadores optarem por não participar na recolha de dados e nas funcionalidades de pesquisa personalizada.

Conformidade regulamentar

1. **Regulamento Geral sobre a Proteção de Dados (RGPD)**: O GDPR é um regulamento abrangente de proteção de dados na União Europeia que define diretrizes rigorosas para a recolha, armazenamento e processamento de dados. A conformidade com o GDPR é essencial para as organizações que operam na UE.
   - o **Requisito:** Obter o consentimento explícito dos utilizadores antes de recolher os seus dados. Fornecer aos utilizadores o direito de aceder, modificar e apagar os seus dados. Garantir a segurança dos dados e comunicar quaisquer violações no prazo de 72 horas.

2. **Lei da Privacidade do Consumidor da Califórnia (CCPA)**: A CCPA é um regulamento de privacidade na Califórnia que concede aos consumidores direitos sobre os seus dados pessoais. As organizações têm de cumprir a CCPA para operarem na Califórnia.

   - **Requisito:** Proporcionar aos consumidores o direito de saber que dados são recolhidos, como são utilizados e com quem são partilhados. Permitir que os consumidores optem por não participar na partilha de dados e apaguem os seus dados mediante pedido.

Estudos de casos em matéria de proteção de dados

1. **Abordagem de privacidade da Apple em primeiro lugar**: A Apple implementou uma abordagem que coloca a privacidade em primeiro lugar, dando ênfase ao controlo do utilizador e à minimização dos dados. Funcionalidades como a transparência do rastreio de aplicações e o processamento no dispositivo para pedidos Siri garantem que os dados do utilizador são protegidos e não são partilhados sem consentimento.

2. **Melhorias na privacidade de dados do Facebook**: Em resposta às preocupações com a privacidade, o Facebook introduziu medidas para melhorar a privacidade dos dados, incluindo anonimização de dados, relatórios de transparência e funcionalidades de controlo do utilizador. O centro de privacidade do Facebook fornece aos utilizadores informações e ferramentas para gerir os seus dados.

8.4 Transparência e explicabilidade

A transparência e a explicabilidade são fundamentais para criar confiança nos sistemas de pesquisa baseados em IA. Os utilizadores devem compreender como funcionam os algoritmos de pesquisa, que factores influenciam os resultados da pesquisa e como são utilizados os seus dados. A explicabilidade ajuda os utilizadores a tomar decisões informadas e promove a responsabilização.

Importância da transparência

1. **Criar confiança**: Os sistemas de IA transparentes criam confiança ao fornecerem aos utilizadores informações claras sobre a forma como os seus dados são utilizados e como são gerados os resultados da pesquisa. A confiança é essencial para a aceitação e o envolvimento dos utilizadores.

o **Ação**: Fornecer documentação clara e interfaces de utilizador que expliquem o processo de recolha de dados, as decisões algorítmicas e as funcionalidades de personalização.

2. **Responsabilidade**: A transparência garante que as organizações sejam responsáveis pelas decisões e resultados dos seus sistemas de IA. Permite que as partes interessadas avaliem e resolvam potenciais problemas, como preconceitos e discriminação.

o **Ação**: Implementar relatórios de transparência que revelem as alterações algorítmicas, as práticas de utilização de dados e as medidas adoptadas para garantir a equidade e a responsabilidade.

3. **Conformidade regulamentar**: A transparência é frequentemente um requisito regulamentar. A conformidade com regulamentos como o GDPR e a CCPA exige uma comunicação clara das práticas de dados e dos direitos dos utilizadores.

o **Ação**: Assegurar que as políticas de privacidade, os termos de serviço e as interfaces de utilizador cumprem os requisitos regulamentares de transparência. Fornecer aos utilizadores um acesso fácil a estas informações.

Melhorar a explicabilidade

1. **Modelos interpretáveis**: O desenvolvimento de modelos de IA interpretáveis que fornecem explicações claras para as suas decisões é crucial para a explicabilidade. Os modelos interpretáveis ajudam os utilizadores a compreender como são gerados os resultados da pesquisa.

o **Ação**: Utilizar algoritmos interpretáveis, como árvores de decisão e modelos lineares, sempre que possível. Para modelos complexos, desenvolver técnicas para extrair e apresentar explicações compreensíveis.

2. **Explicações de fácil utilização**: Fornecer explicações fáceis de utilizar sobre os resultados da pesquisa e as decisões algorítmicas aumenta a transparência. As explicações devem ser claras, concisas e acessíveis a não especialistas.

- o **Ação**: Conceber interfaces de utilizador que apresentem explicações de uma forma simples. Utilizar recursos visuais, como tabelas e gráficos, para ilustrar processos e decisões algorítmicas.

3. **Transparência dos algoritmos**: A divulgação dos factores e pesos utilizados nos algoritmos de pesquisa aumenta a transparência. Os utilizadores devem compreender o que influencia as classificações de pesquisa e a personalização.
   - o **Ação**: Fornecer documentação e interfaces de utilizador que revelem os principais factores e pesos utilizados nos algoritmos de pesquisa. Permitir que os utilizadores ajustem as definições de personalização com base nas suas preferências.
4. **Mecanismos de feedback**: A implementação de mecanismos de feedback que permitam aos utilizadores comunicar problemas e dar feedback sobre os resultados da pesquisa aumenta a transparência e a responsabilidade. O feedback dos utilizadores ajuda a identificar e a resolver potenciais enviesamentos e erros.
   - o **Ação**: Criar interfaces de utilizador que permitam aos utilizadores dar feedback sobre os resultados da pesquisa. Utilizar este feedback para melhorar as decisões algorítmicas e resolver os problemas identificados.

Estudos de caso sobre transparência e explicabilidade

1. **Princípios de IA da Google**: Os princípios de IA da Google dão ênfase à transparência e à explicabilidade. A Google disponibiliza documentação e ferramentas que explicam como funcionam os seus sistemas de IA e que medidas são tomadas para garantir a equidade e a responsabilidade. Por exemplo, a página "Como funciona a pesquisa" da Google fornece informações sobre o processo de pesquisa e os algoritmos de classificação.
2. **Toolkit AI Explainability 360 da IBM**: A IBM desenvolveu o kit de ferramentas AI Explainability 360, que fornece um conjunto de ferramentas e algoritmos para melhorar a explicabilidade dos sistemas de IA. O kit de ferramentas ajuda os programadores a criar modelos de IA transparentes e interpretáveis.

8.5 Quadros e diretrizes éticos da IA

O desenvolvimento e a implantação de sistemas de IA éticos requerem a adesão a quadros e diretrizes éticos. Estes quadros fornecem princípios e melhores práticas para garantir que as tecnologias de IA são justas, transparentes e respeitam a privacidade do utilizador.

Principais quadros éticos da IA

1. **Iniciativa global do IEEE sobre a ética dos sistemas autónomos e inteligentes**: A iniciativa do IEEE fornece um quadro abrangente para a IA ética, abrangendo princípios como a transparência, a responsabilidade, a privacidade e a justiça. O quadro sublinha a importância da conceção centrada no ser humano e do envolvimento das partes interessadas.
2. **Orientações éticas da UE para uma IA fiável**: As orientações da Comissão Europeia para uma IA fiável definem os princípios fundamentais para uma IA ética, incluindo o respeito pela autonomia humana, a prevenção de danos, a justiça e a explicabilidade. As diretrizes fornecem um quadro para o desenvolvimento de sistemas de IA que sejam legal, ética e tecnicamente robustos.
3. **Quadro ético da AI4People**: A AI4People, uma iniciativa de várias partes interessadas, desenvolveu um quadro ético para a IA que inclui princípios como a beneficência, a não maleficência, a autonomia, a justiça e a explicabilidade. O quadro fornece recomendações para os decisores políticos, os criadores e os utilizadores de tecnologias de IA.

Implementação de práticas éticas de IA

1. **Conceção e desenvolvimento éticos**: A incorporação de princípios éticos na conceção e desenvolvimento de sistemas de IA garante que as considerações éticas são abordadas desde o início. Isto implica integrar a justiça, a transparência e a privacidade no processo de desenvolvimento da IA.
   - **Ação**: Desenvolver orientações e listas de controlo para a conceção e o desenvolvimento éticos da IA. Efetuar análises éticas e avaliações de impacto durante o processo de desenvolvimento.
2. **Envolvimento das partes interessadas**: Envolver as partes interessadas, incluindo utilizadores, decisores políticos e grupos de defesa, no desenvolvimento e implementação de sistemas de IA ajuda a garantir que as diversas perspectivas são consideradas e que as preocupações éticas são abordadas.

- o **Ação**: Criar mecanismos de participação das partes interessadas, tais como conselhos consultivos, consultas públicas e fóruns de feedback dos utilizadores. Utilizar as contribuições das partes interessadas para informar a tomada de decisões éticas.

3. **Monitorização e avaliação contínuas**: Monitorizar e avaliar regularmente os sistemas de IA quanto à conformidade ética garante que os princípios éticos são mantidos durante todo o ciclo de vida do sistema. Isto envolve a auditoria de algoritmos, a revisão de práticas de dados e a avaliação do impacto nos utilizadores e na sociedade.

   - o **Ação**: Implementar processos contínuos de controlo e avaliação dos sistemas de IA. Efetuar auditorias e análises regulares para garantir a conformidade ética e abordar questões éticas emergentes.

4. **Formação e sensibilização éticas**: Fornecer formação e sensibilizar para as práticas éticas de IA entre os criadores, os decisores políticos e os utilizadores promove uma cultura de responsabilidade ética. Isto ajuda a garantir que as considerações éticas são integradas no desenvolvimento e utilização da IA.

   - o **Ação**: Desenvolver programas de formação e recursos sobre práticas éticas de IA. Sensibilizar para a importância das considerações éticas no desenvolvimento e implantação da IA.

8.6 Direcções futuras em IA e pesquisa éticas

O futuro da IA e da pesquisa éticas será moldado pelos avanços contínuos nas tecnologias de IA, pela evolução das expectativas da sociedade e pelos desafios éticos emergentes. As principais tendências e inovações incluem:

1. **Investigação sobre ética da IA**: A investigação contínua em ética da IA fornecerá conhecimentos mais profundos sobre os desafios éticos e informará o desenvolvimento de quadros e diretrizes éticos. Será essencial uma investigação interdisciplinar que envolva a IA, a ética, o direito e as ciências sociais.

2. **Desenvolvimentos regulamentares**: A evolução dos cenários regulamentares influenciará o desenvolvimento e a implantação de sistemas éticos de IA. Os decisores políticos continuarão a desenvolver regulamentos e normas para

garantir que as tecnologias de IA são justas, transparentes e respeitam a privacidade.

3. **Ferramentas e quadros de IA éticos**: O desenvolvimento de ferramentas e quadros para uma IA ética ajudará os programadores a criar sistemas de IA éticos. Estas ferramentas fornecerão orientações práticas e recursos para enfrentar os desafios éticos.

4. **Colaboração global**: A colaboração internacional em matéria de ética da IA será crucial para enfrentar os desafios éticos globais e garantir que as tecnologias de IA sejam desenvolvidas e implantadas de forma responsável. As iniciativas e parcerias de colaboração promoverão a partilha das melhores práticas e o desenvolvimento de normas globais.

5. **Sensibilização e envolvimento do público**: Aumentar a sensibilização e o envolvimento do público na ética da IA permitirá que os utilizadores tomem decisões informadas e defendam práticas éticas de IA. Os esforços de educação e defesa do público desempenharão um papel fundamental na definição do futuro da IA ética.

Conclusão

Garantir que as tecnologias de pesquisa baseadas em IA são justas, transparentes e respeitam a privacidade do utilizador é essencial para criar confiança e fornecer sistemas de IA éticos. Abordar a parcialidade e a equidade, salvaguardar a privacidade e a proteção de dados e aumentar a transparência e a explicabilidade são componentes críticos da IA ética. Ao aderir a quadros e orientações éticas, envolvendo as partes interessadas e monitorizando e avaliando continuamente os sistemas de IA, podemos desenvolver e implementar tecnologias de IA que sejam responsáveis, equitativas e benéficas para a sociedade.

No próximo capítulo, exploraremos as futuras tendências e inovações em IA e pesquisa, discutindo as tecnologias emergentes e o seu potencial impacto no panorama da pesquisa.

Capítulo 9: Tendências e inovações futuras

9.1 Introdução

O futuro das tecnologias de pesquisa está preparado para transformações significativas impulsionadas pelos avanços da inteligência artificial (IA), pelas tecnologias emergentes e pela evolução das expectativas dos utilizadores. Este capítulo explora o papel da IA no futuro da pesquisa, centrando-se na pesquisa por voz e na IA conversacional, na realidade aumentada e na pesquisa visual, e no potencial impacto da computação quântica nas tecnologias de pesquisa. Como capítulo final, também resume os principais temas discutidos ao longo do livro e destaca as futuras direcções para a investigação e desenvolvimento em tecnologias de pesquisa.

9.2 O papel da IA no futuro da pesquisa

A IA está destinada a desempenhar um papel cada vez mais central na definição do futuro das tecnologias de pesquisa. À medida que os algoritmos e modelos de IA se tornam mais sofisticados, irão melhorar as capacidades de pesquisa, tornando-as mais intuitivas, precisas e personalizadas.

Compreensão melhorada da linguagem natural

Os futuros sistemas de pesquisa baseados em IA terão uma compreensão mais profunda da linguagem natural, permitindo-lhes interpretar e responder a consultas complexas de forma mais eficaz. Isto será facilitado pelos avanços no processamento da linguagem natural (PNL) e na aprendizagem automática.

- **Compreensão contextual**: Os sistemas de IA compreenderão melhor o contexto das consultas dos utilizadores, permitindo-lhes fornecer resultados mais relevantes e matizados. Por exemplo, a compreensão do contexto em que um termo é utilizado ajudará a desambiguar as consultas com múltiplos significados.
- **Pesquisa conversacional**: A IA permitirá interações mais naturais e fluidas entre os utilizadores e os sistemas de pesquisa. A pesquisa em conversação permitirá que os utilizadores façam perguntas de seguimento e refinem as suas consultas de forma conversacional, melhorando a experiência de pesquisa.

- **Pesquisa multilingue**: A IA melhorará as capacidades de pesquisa multilingue, permitindo que os utilizadores pesquisem nas suas línguas maternas e recebam traduções e resultados precisos. Isto será particularmente importante para as plataformas globais que servem diversas bases de utilizadores.

Personalização e definição do perfil do utilizador

Os sistemas de pesquisa orientados para a IA aproveitarão a definição de perfis de utilizador e a personalização para fornecer resultados de pesquisa altamente adaptados. Ao analisar o comportamento, as preferências e o histórico do utilizador, a IA pode fornecer recomendações que são especificamente relevantes para cada utilizador.

- **Personalização dinâmica**: Os sistemas de pesquisa adaptar-se-ão dinamicamente às preferências dos utilizadores, fornecendo conteúdos e recomendações personalizados em tempo real. Isto irá aumentar a satisfação e o envolvimento do utilizador.
- **Percepções comportamentais**: A IA analisará o comportamento do utilizador para obter informações sobre os seus interesses e necessidades. Estas informações servirão de base à personalização dos resultados da pesquisa, garantindo que os utilizadores recebem o conteúdo mais relevante para eles.
- **Personalização com preservação da privacidade**: Os futuros sistemas de IA equilibrarão a personalização com a privacidade, assegurando que os dados do utilizador são protegidos ao mesmo tempo que proporcionam experiências de pesquisa personalizadas. Técnicas como a aprendizagem federada e a privacidade diferencial desempenharão um papel fundamental na obtenção deste equilíbrio.

Algoritmos de pesquisa avançados

Os avanços na IA levarão ao desenvolvimento de algoritmos de pesquisa mais sofisticados que podem lidar com consultas complexas e fornecer resultados mais precisos.

- **Modelos de aprendizagem profunda**: Os modelos de aprendizagem profunda, como os transformadores e as redes neuronais, continuarão a melhorar as capacidades de pesquisa através da extração de padrões e caraterísticas complexas dos dados.
- **Pesquisa baseada em grafos**: Os algoritmos de pesquisa baseados em grafos aproveitarão os grafos de conhecimento para compreender as relações entre entidades e conceitos, fornecendo resultados de pesquisa mais ricos e mais contextuais.
- **Aprendizagem por reforço**: A aprendizagem por reforço optimizará os algoritmos de pesquisa com base nas interações e no feedback dos utilizadores, melhorando continuamente o desempenho e a relevância da pesquisa.

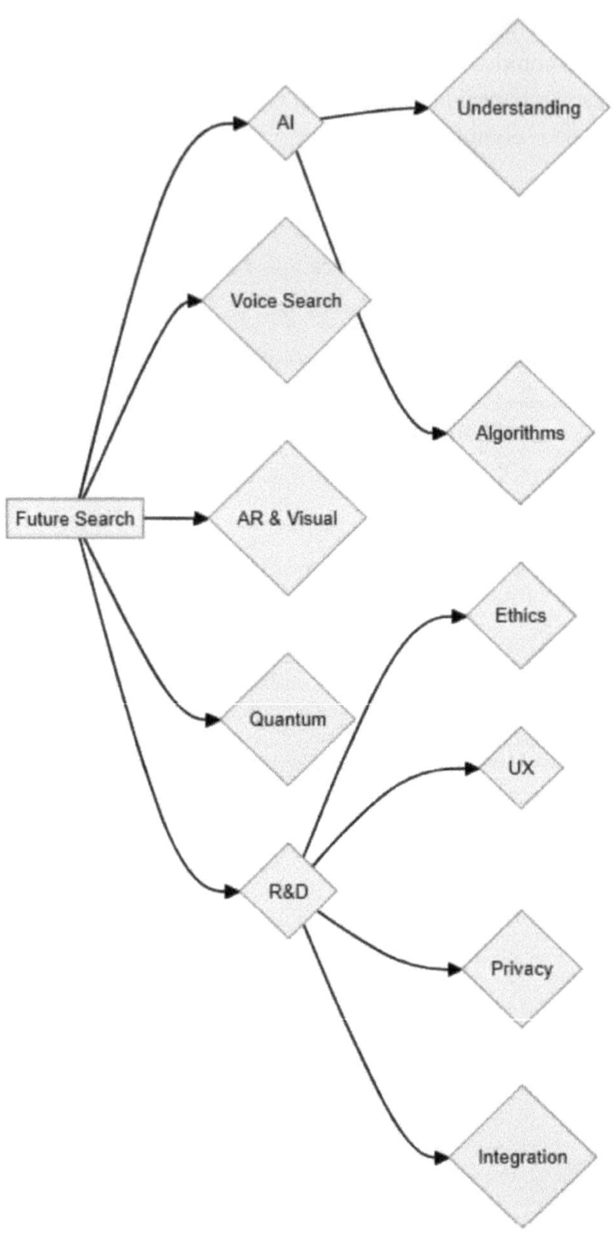
AI
Understanding
Voice Search
Algorithms
Future Search
AR & Visual
Ethics
Quantum
UX
R&D
Privacy
Integration

9.3 Pesquisa por voz e IA de conversação

A pesquisa por voz e a IA conversacional estão preparadas para revolucionar a forma como os utilizadores interagem com os sistemas de pesquisa. À medida que os dispositivos activados por voz e os assistentes virtuais se tornam mais prevalecentes, a pesquisa por voz tornar-se-á parte integrante da experiência de pesquisa.

A ascensão da pesquisa por voz

A pesquisa por voz permite que os utilizadores interajam com os sistemas de pesquisa utilizando comandos de voz em linguagem natural, proporcionando uma experiência de pesquisa prática e sem mãos.

- **Assistentes activados por voz**: Dispositivos como o Amazon Alexa, o Google Assistant e o Apple Siri estão a impulsionar a adoção da pesquisa por voz. Estes assistentes permitem aos utilizadores efetuar pesquisas, controlar dispositivos domésticos inteligentes e aceder a informações através de comandos de voz.
- **Precisão da pesquisa por voz**: Os avanços na tecnologia de reconhecimento de voz estão a melhorar a precisão da pesquisa por voz, tornando-a mais fiável e fácil de utilizar. Os modelos de IA são melhores a compreender sotaques, dialectos e nuances contextuais.
- **Casos de utilização da pesquisa por voz**: A pesquisa por voz é particularmente útil em situações em que é necessária uma interação mãos-livres, como ao conduzir, cozinhar ou fazer exercício. Também melhora a acessibilidade para os utilizadores com deficiência.

IA de conversação

A IA conversacional permite experiências de pesquisa mais naturais e interactivas, permitindo que os utilizadores participem em conversas multi-turnos com os sistemas de pesquisa.

- **Sistemas de diálogo**: Os sistemas de diálogo baseados em IA podem lidar com interações complexas, compreender as intenções dos utilizadores e dar respostas relevantes. Estes sistemas permitem que os utilizadores refinem as suas perguntas e façam perguntas de seguimento sem problemas.

- **Memória contextual**: Os sistemas de IA de conversação retêm o contexto ao longo de várias voltas de interação, permitindo que os utilizadores se baseiem em perguntas anteriores e recebam respostas coerentes.
- **Interação natural**: A IA de conversação proporciona uma interação mais humana, tornando os sistemas de pesquisa mais intuitivos e fáceis de utilizar. Os utilizadores podem interagir com os sistemas de pesquisa da mesma forma que o fariam com um assistente humano.

Desafios e direcções futuras

- **Compreender a intenção**: Um dos principais desafios da pesquisa por voz e da IA de conversação é compreender com precisão a intenção do utilizador, especialmente no caso de consultas ambíguas ou complexas. Os futuros avanços na PNL e na IA resolverão este desafio.
- **Gestão do contexto**: A gestão do contexto em múltiplas interações é crucial para dar respostas coerentes e relevantes. Melhorar a capacidade dos sistemas de IA para manter e utilizar o contexto melhorará a experiência de pesquisa em conversação.
- **Privacidade e segurança**: Garantir a privacidade e a segurança na pesquisa por voz e na IA conversacional é essencial, especialmente quando se trata de informações sensíveis. Serão necessárias medidas de segurança robustas e controlos do utilizador para proteger os dados do utilizador.

9.4 Realidade aumentada e pesquisa visual

As tecnologias de realidade aumentada (RA) e de pesquisa visual vão transformar a forma como os utilizadores procuram e interagem com a informação. Ao integrar a informação digital com o mundo físico, a RA e a pesquisa visual proporcionam experiências de pesquisa imersivas e intuitivas.

Pesquisa de Realidade Aumentada (RA)

A pesquisa em RA sobrepõe a informação digital ao ambiente físico, melhorando a forma como os utilizadores acedem e interagem com a informação.

- **Dispositivos de RA**: Os dispositivos compatíveis com RA, como smartphones, tablets e óculos de RA, permitem aos utilizadores aceder a experiências de pesquisa de RA. Estes dispositivos utilizam câmaras e sensores para detetar o ambiente físico e sobrepor conteúdos digitais.
- **Aplicações de RA**: A pesquisa em RA tem várias aplicações, incluindo navegação, informação sobre produtos e experiências educativas. Por exemplo, os utilizadores podem apontar os seus dispositivos para um ponto de referência para receber informações históricas ou para um produto para ver especificações e análises detalhadas.
- **Interação melhorada**: A pesquisa em RA melhora a interação do utilizador ao fornecer informações contextuais em tempo real. Os utilizadores podem interagir com conteúdos digitais sobrepostos no mundo físico, tornando a pesquisa mais envolvente e informativa.

Pesquisa visual

A pesquisa visual permite que os utilizadores procurem informações utilizando imagens em vez de consultas de texto. Ao analisar o conteúdo visual, os sistemas de pesquisa baseados em IA podem identificar objectos, pontos de referência e outros elementos visuais.

- **Reconhecimento de imagens**: Os sistemas de pesquisa visual utilizam algoritmos de reconhecimento de imagem para identificar e categorizar o conteúdo visual. Isto permite aos utilizadores procurar imagens, produtos e informações semelhantes com base em dados visuais.
- **Deteção de objectos**: Os modelos de IA podem detetar e reconhecer objectos nas imagens, fornecendo informações relevantes e resultados de pesquisa. Por exemplo, os utilizadores podem tirar uma fotografia de uma planta para identificar a sua espécie e instruções de cuidados.
- **Compras visuais**: A pesquisa visual está a transformar o comércio eletrónico ao permitir que os utilizadores pesquisem produtos através de imagens. Os utilizadores podem carregar fotografias de artigos de que gostam e o sistema de pesquisa encontrará produtos semelhantes disponíveis para compra.

Desafios e direcções futuras

- **Exatidão e precisão**: Garantir a exatidão e a precisão na AR e na pesquisa visual é um desafio devido à complexidade do conteúdo visual. Os avanços contínuos na IA e no reconhecimento de imagens melhorarão a fiabilidade destas tecnologias.
- **Experiência do utilizador**: A criação de experiências de utilizador intuitivas e sem descontinuidades na RA e na pesquisa visual é crucial para a adoção. Interfaces e interações fáceis de utilizar aumentarão a facilidade de utilização destas tecnologias.
- **Integração e acessibilidade**: A integração da RA e da pesquisa visual nas aplicações quotidianas e a garantia de acessibilidade para todos os utilizadores impulsionarão a adoção generalizada destas tecnologias.

9.5 Computação quântica em tecnologias de pesquisa

A computação quântica tem o potencial de revolucionar as tecnologias de pesquisa, proporcionando uma potência e uma eficiência computacionais sem precedentes. Embora ainda na sua fase inicial, a computação quântica promete resolver problemas complexos que são intratáveis para os computadores clássicos.

Algoritmos de pesquisa quântica

Os algoritmos de pesquisa quântica utilizam os princípios da mecânica quântica para efetuar operações de pesquisa de forma mais eficiente do que os algoritmos clássicos.

- **Algoritmo de Grover**: O algoritmo de Grover é um algoritmo de pesquisa quântica que proporciona um aumento de velocidade quadrático para problemas de pesquisa não estruturados. Pode reduzir significativamente o tempo necessário para pesquisar em grandes conjuntos de dados.
- **Aprendizagem automática quântica**: Os algoritmos de aprendizagem automática quântica podem melhorar as tecnologias de pesquisa acelerando a formação e a inferência de modelos de IA. Estes algoritmos tiram partido do paralelismo quântico para processar grandes quantidades de dados em simultâneo.

Aplicações da computação quântica na pesquisa

- **Processamento de dados em grande escala**: A computação quântica pode processar conjuntos de dados em grande escala de forma mais eficiente, permitindo uma indexação e recuperação mais rápidas da informação. Isto melhorará o desempenho dos sistemas de pesquisa que lidam com grandes quantidades de dados.
- **Processamento de consultas complexas**: A computação quântica pode resolver problemas complexos de otimização envolvidos no processamento de consultas e na classificação. Isto melhorará a exatidão e a relevância dos resultados da pesquisa, especialmente para consultas complexas e multifacetadas.
- **Segurança reforçada**: A criptografia quântica fornece medidas de segurança robustas para proteger os dados de pesquisa. A distribuição de chaves quânticas (QKD) assegura canais de comunicação seguros, protegendo os dados do utilizador de potenciais ameaças.

Desafios e direcções futuras

- **Desafios técnicos**: A computação quântica está ainda na sua fase inicial, com desafios técnicos significativos a ultrapassar. A construção de computadores quânticos estáveis e escaláveis exige avanços no hardware quântico e na correção de erros.
- **Integração com sistemas clássicos**: A integração da computação quântica com sistemas de pesquisa clássicos coloca desafios devido às diferenças nos paradigmas computacionais. Serão essenciais abordagens híbridas que aproveitem tanto a computação quântica como a clássica.
- **Acessibilidade e adoção**: Garantir a acessibilidade e a adoção generalizada da computação quântica nas tecnologias de pesquisa exige avanços no software quântico e nas ferramentas de desenvolvimento. A formação de programadores e investigadores sobre a computação quântica será também crucial.

9.6 Direcções futuras para a investigação e o desenvolvimento

O futuro das tecnologias de pesquisa será moldado pela investigação e desenvolvimento em curso no domínio da IA, da PNL, da RA, da pesquisa visual e da computação quântica. As principais áreas de exploração futura incluem:

IA ética e equidade

- **Atenuação de preconceitos**: A investigação contínua sobre técnicas de atenuação de preconceitos garantirá que os sistemas de pesquisa baseados em IA sejam justos e equitativos. O desenvolvimento de algoritmos que possam detetar e tratar os preconceitos será crucial.
- **Transparência e explicabilidade**: O reforço da transparência e da explicabilidade dos modelos de IA reforçará a confiança e garantirá a responsabilização. A investigação sobre IA interpretável fornecerá informações sobre a forma como os algoritmos de pesquisa tomam decisões.

Experiência e interação do utilizador

- **Pesquisa multimodal**: A integração de vários modos de interação, como a voz, o texto e a introdução visual, criará experiências de pesquisa intuitivas e sem descontinuidades. A investigação sobre IA multimodal impulsionará as inovações neste domínio.
- **Acessibilidade e inclusão**: A garantia de que as tecnologias de pesquisa são acessíveis a todos os utilizadores, incluindo os portadores de deficiência, será um ponto fulcral. A investigação sobre a conceção inclusiva e a acessibilidade melhorará a facilidade de utilização dos sistemas de pesquisa.

Privacidade e segurança dos dados

- **IA que preserva a privacidade**: O desenvolvimento de técnicas de IA que preservam a privacidade, como a aprendizagem federada e a privacidade diferencial, protegerá os dados dos utilizadores, permitindo simultaneamente experiências de pesquisa personalizadas. A investigação sobre estas técnicas abordará as questões de privacidade.

- **Segurança quântica**: A exploração do potencial da criptografia quântica para melhorar a segurança dos dados em sistemas de pesquisa será uma área crítica de investigação. A garantia de uma comunicação e proteção de dados seguras impulsionará a adoção de tecnologias quânticas.

Integração de tecnologias emergentes

- **AR e pesquisa visual**: A integração da RA e da pesquisa visual nas aplicações quotidianas criará novas oportunidades para a descoberta de informações. A investigação sobre interfaces de RA e algoritmos de reconhecimento visual melhorará estas tecnologias.
- **Computação quântica**: O avanço da investigação sobre a computação quântica abrirá novas possibilidades para as tecnologias de pesquisa. O desenvolvimento de algoritmos e hardware quânticos conduzirá a inovações no processamento de dados em grande escala e na otimização de consultas complexas.

9.7 Conclusão

O futuro das tecnologias de pesquisa é brilhante, com avanços emocionantes no horizonte impulsionados pela IA, pelas tecnologias emergentes e pela evolução das expectativas dos utilizadores. A pesquisa por voz e a IA de conversação, a realidade aumentada e a pesquisa visual, bem como a computação quântica, estão preparadas para revolucionar a forma como os utilizadores interagem com os sistemas de pesquisa e acedem à informação. À medida que continuamos a explorar estas tendências e inovações futuras, é essencial dar prioridade às considerações éticas, garantindo que as tecnologias de pesquisa são justas, transparentes e respeitam a privacidade dos utilizadores.

Ao longo deste livro, explorámos os princípios fundamentais, as técnicas e as aplicações das tecnologias de pesquisa. Desde os princípios básicos da recuperação de informação até arquitecturas de pesquisa avançadas, processamento de linguagem natural, técnicas de IA e considerações éticas, abordámos uma vasta gama de tópicos que moldam o panorama da pesquisa. Ao olharmos para o futuro, a investigação e o desenvolvimento em curso continuarão a ultrapassar os limites do que as tecnologias de pesquisa podem alcançar, criando experiências de pesquisa mais intuitivas, precisas e personalizadas para utilizadores de todo o mundo.

Referências

Capítulo 1: Introdução

- Baeza-Yates, R., & Ribeiro-Neto, B. (2011). *Recuperação de informação moderna: Os conceitos e a tecnologia por detrás da pesquisa.* Addison-Wesley.
- Manning, C. D., Raghavan, P., & Schutze, H. (2008). *Introduction to Information Retrieval.* Cambridge University Press.

Capítulo 2: Fundamentos das tecnologias de pesquisa

- Salton, G., & McGill, M. J. (1983). *Introduction to Modern Information Retrieval.* McGraw- Hill.
- Witten, I. H., Moffat, A., & Bell, T. C. (1999). *Gerenciando Gigabytes: Compressing and Indexing Documents and Images.* Morgan Kaufmann.

Capítulo 3: Processamento de linguagem natural (PNL) na pesquisa

- Jurafsky, D., & Martin, J. H. (2020). Processamento da fala e da linguagem. Pearson.
- Manning, C. D., & Schutze, H. (1999). *Foundations of Statistical Natural Language Processing (Fundamentos do processamento estatístico da linguagem natural*). MIT Press.

Capítulo 4: Técnicas de IA na pesquisa

- Goodfellow, I., Bengio, Y., & Courville, A. (2016). Aprendizagem profunda. MIT Press.
- Sutton, R. S., & Barto, A. G. (2018). Aprendizagem por reforço: Uma introdução. MIT Press.

Capítulo 5: Arquitecturas de pesquisa avançadas

- Hitzler, P., Krotzsch, M., & Rudolph, S. (2009). *Foundations of Semantic Web Technologies (Fundamentos das tecnologias da Web semântica*). CRC Press.

- Shvachko, K., Hairong, K., Radia, S., & Chansler, R. (2010). O sistema de ficheiros distribuídos Hadoop. Em *2010 IEEE 26th Symposium on Mass Storage Systems and Technologies (MSST)* (pp. 1-10). IEEE.

Capítulo 6: Pesquisar em domínios específicos

- Croft, W. B., Metzler, D., & Strohman, T. (2009). *Motores de pesquisa: Information Retrieval in Practice*. Addison-Wesley.
- Hearst, M. A. (2009). *Search User Interfaces*. Cambridge University Press.

Capítulo 7: Avaliação e métricas

- Voorhees, E. M., & Harman, D. K. (2005). *TREC: Experiment and Evaluation in Information Retrieval*. MIT Press.
- Saracevic, T. (1995). Evaluation of Evaluation in Information Retrieval (Avaliação da avaliação na recuperação de informação). In *Proceedings of the 18th Annual International ACM SIGIR Conference on Research and Development in Information Retrieval* (pp. 138-146).

Capítulo 8: Considerações éticas sobre a IA e a pesquisa

- Crawford, K. (2021). *Atlas of AI: Power, Politics, and the Planetary Costs of Artificial Intelligence [Atlas da IA: Poder, Política e os Custos Planetários da Inteligência Artificial*]. Imprensa da Universidade de Yale.
- O'Neil, C. (2016). *Weapons of Math Destruction (Armas de destruição matemática): How Big Data Increases Inequality and Threatens Democracy [Como os grandes dados aumentam a desigualdade e ameaçam a democracia*]. Crown Publishing Group.

Capítulo 9: Tendências e inovações futuras

- Russell, S., & Norvig, P. (2020). Inteligência Artificial: Uma Abordagem Moderna. Pearson.
- Shor, P. W. (1994). Algoritmos para a computação quântica: Logaritmos discretos e factorização. Em *Proceedings 35th Annual Symposium on Foundations of Computer Science* (pp. 124-134). IEEE.

Referências adicionais

- Bishop, C. M. (2006). Reconhecimento de padrões e aprendizagem automática. Springer.
- Vaswani, A., Shazeer, N., Parmar, N., Uszkoreit, J., Jones, L., Gomez, A. N., ... & Polosukhin, I. (2017). Atenção é tudo o que você precisa. Em *Avanços em sistemas de processamento de informações neurais* (pp. 5998-6008).

Printed by Books on Demand GmbH, Norderstedt / Germany